W. P. Mara

Das Große Buch der

Giftschlangen

Herstellung und Gestaltung: Marcus Degen
Übersetzung: Elké und Thomas Ulber, Herprint International CC, P.O.Box 14117 Bredell 16231, Südafrika
Fachliche Durchsicht: Dr. sc. Dieter Schmidt, Schönow

ISBN: 3-927 997-53-6

Inhalt

Vorwort

Als Autor mehrerer herpetologischer Bücher kann ich sagen, daß ich mich lange Zeit mit diesem Fachgebiet beschäftigt habe. Aber mit "beschäftigt" meine ich nicht nur einfach, daß ich viele Schlangen oder Schildkröten gepflegt habe. Die Terraristik umfaßt viel mehr, als ein 50-l-Aquarium mit Kies zu füllen, einen Wassernapf hineinzustellen und ein Pärchen Strumpfbandnattern hinzuzusetzen.

Tatsächlich ist die Herpetologie in ihrem Wesen so vielseitig, daß man sich sehr schnell und für immer in ihren Geheimnissen verlieren kann. Ich weiß, daß mir genau das passiert ist.

So nimmt das gründliche Sammeln im Feld (oder, wie manche sagen mögen, die "Feldforschung") stetig an Beliebtheit zu - wenn auch der Antrieb dazu mitunter den zweifelhaften Motiven einiger habgieriger Mitbürger zu verdanken sein mag, die aus rein finanzieller Gewinnsucht zu Mutter Natur zurückkehren. Was auch immer die Belohnung sein mag, diese Beschäftigung ist ein wunderbares Hobby.

Ebenso ist die Vermehrung, oder wie Joe Collins, Herpetologe an der Universität von Kansas, es nennen würde, die "herpetologische Kultur", ein eigenes, pulsierend lebendiges Wesen. Sicherlich eine wundervolle Sache, da sie dem Terrarianer nicht nur die Vergrößerung seines Bestandes durch Nachzuchten ermöglicht, sondern auch viel von dem Druck auf die Wildpopulationen nimmt. Diese Art von Tätigkeit sollte, so lange sie sich in einem vernünftigen und kontrollierbaren Rahmen bewegt, von jeder Seite unterstützt werden. Natürlich gibt es eine Anzahl kleiner, aber gleichfalls wichtiger Glieder in dieser langen Kette wie die Herpetofotografie, aber das, mit dem wir uns in diesem Buch beschäftigen wollen, ist die Untersuchung einer Tiergruppe, die weltweit als die Giftschlangen bekannt ist. Es handelt sich dabei nicht um eine ausführliche, studienmäßige Berichterstattung, sondern einfach um eine Grundlagenübersicht, die dem Leser einen soliden Start ermöglichen soll.

Ein Fachgebiet wie dieses hat viele Hauptthemen. Die mei-

Die Fer-de-Lance (Bothrops asper) ist eine häufige bodenbewohnende Art, deren Verbreitung von Mexiko südwärts bis Südamerika reicht und die eine Gesamtlänge von bis zu 2,40 Metern erreicht. Foto: W. WUSTER.

sten davon werden hier bis zu einem gewissen Grad abgehandelt, aber für eingehende Beschreibungen - vielleicht wäre das Wort "Vollständigkeit" besser - würden Tausende von Seiten nötig sein. Ich möchte hier allerdings nur dazu beitragen, den ersten Schritt zu erleichtern. Viele Menschen, die den Einband dieses Buches im Vorbeigehen entdeckt haben, werden vermutlich denken: Warum, um alles in der Welt, schreibt jemand ein Buch über Tiere, die niemand als Haustiere halten kann? Ist ein solches Buch nicht eine simple Ermutigung zu solch unvernünftigen Dingen?

Nein, ist es nicht. Bücher wie dieses werden nicht einfach mit der Absicht zur Ermutigung gedruckt; sie werden mit zum Zwecke des Lernens produziert, zum Aufklären derjenigen, die wißbegierig sind.

Zu meiner Unterstützung in dieser Sache hatte ich fünf der profiliertesten Männer auf dem Gebiet der Herpetologie an meiner Seite, die alle kleine Geschichten zum Kapitel Anekdoten lieferten. Der Wert ihrer Beiträge ist offensichtlich: jeder von ihnen machte umfangreiche Erfahrungen auf seinem Gebiet und eigene Erfahrungen sind unbezahlbares Wissen, so daß ihre Berichte zur Weiterbildung der weniger Erfahrenen beitragen können. Mein herzlichster Dank gebührt dieser Gruppe.

Waglers Lanzenotter gehört zu den beliebtesten Giftschlangen in der Terraristik. Wie man an diesem Foto sehen kann, erklärt sich diese Beliebtheit zum größten Teil durch ihre prachtvolle Färbung und Zeichnung.
Foto: A. VAN DEN NIEUWENHUIZEN.

Einigen Quellenangaben nach haben sich die Hörner der Hornviper (Cerastes cerastes) zu dem Zweck entwickelt, ihre Augen vor Sand und Staub zu schützen. Foto: C. BANKS

Ich muß mich ebenfalls bei Dr. Herbert R. Axelrod bedanken, dem Inhaber und "Vater" von T.F.H. Publications, der mir die Möglichkeit gab, das Buch bei ihm verlegen zu lassen. Einen Mann zu finden, der mehr zur Weiterbildung derer getan hat, die an der Tierhaltung interessiert sind, wäre einfach unmöglich.

Im ganzen gesehen, handelt es sich nicht um einen "Führer" zur Haltung von Giftschlangen, sondern einfach um eine Weitergabe von Erfahrungen an jedermann, der an diesem Thema interessiert ist. Wenn letztlich der einzige Nutzen der ist, daß der Leser es zweckdienlich findet, dann sage ich, ist das mehr als genug.

W.P. Mara

Evolution , Klassifikation und Grundlagen der Morphologie

In diesem Kapitel wird der Autor versuchen, dem Leser das benötigte Grundwissen zu vermitteln, das ihm als eine fundierte Basis für seine späteren eigenen Studien über Giftschlangen dienen kann. Grundsätzlich sind Reptilien, zu denen selbstverständlich auch die Schlangen gehören, als Tiere definiert, die eher Schuppen oder Hornplatten anstatt jener Art von Haut haben, die uns Menschen vertraut ist. Auch sie atmen durch die Lunge, sind aber wechselwarm oder poikilotherm, was heißt, daß sie ihre eigene Körpertemperatur nicht selbständig regulieren können, sondern von der Umgebungstemperatur in ihrem Lebensraum abhängig sind.

Evolution

Generell entwickelten sich die ersten Schlangen während einer Zeitperiode der Erdgeschichte, die als die Kreidezeit bekannt ist. Es gibt nicht viele brauchbare Fossilienbelege, aber die Wissenschaftler, die sich mit diesen Dingen beschäftigen, haben so viele Beweise zur Stützung dieser Theorie erarbeitet, daß sie ziemlich zutreffend sein sollte.

Geologische Zeittabelle
Neuzeit (vor 25.000 Jahren - Gegenwart)
Pleistozän (25.000 - 2 Millionen)
Pliozän (2 - 12 Millionen)
Miozän (12 - 30 Millionen)
Oligozän (30 - 40 Millionen)
Eozän (40 - 60 Millionen)
Paleozän (60 - 70 Millionen)
Kreide (70 - 130 Millionen)
Jura (130 - 168 Millionen)
Trias (168 - 200 Millionen)

Hier erscheinen die ersten Giftschlangen, die *Elapidae*.

Schlangen gehören zu den Reptilien, die sich durch Millionen Jahre währende Veränderungen aus ihren Vorfahren, den Echsen, entwickelt haben. Sie gebrauchten ihre Gliedmaßen nicht mehr, verloren ihre Augenlider, und "hören" durch das Fühlen von Vibrationen, da sie keine äußeren Ohren im herkömmlichen Sinne haben.

Giftschlangen, die sich auf eine etwas andere Weise als die ungiftigen Arten entwickelt haben, besitzen Giftzähne oder zumindest ein Paar verlängerter Zähne. Hierbei unterscheidet man zwischen drei Grundtypen, die noch eingehender beschrieben werden. Sie dienen zur Verabreichung von Gift, das in Wirklichkeit eine Art von sehr toxischem Speichel ist und verschiedene Aufgaben erfüllt. Im Englischen unterscheidet man in diesem Zusammenhang interessanterweise zwischen "poison" (Gift zur oralen Einnahme) und "venom" (Gift zur Injektion), wohingegen man im deutschen Sprachgebrauch hierbei keinen Unterschied macht. In diesem Sinne ist der englische Ausdruck "poisonous snake" falsch, "venomous snake" dagegen richtig.

Das Gift, eine Mischung verschiedener, z.T. giftiger Eiweiße und von Enzymen, wird durch einen synthetischen Prozeß in einer Giftdrüse produziert. Die Hintergründe dieses Prozesses sind viel umfangreicher, aber man kann ihn auch mit einer Reihe einfacher Erklärungen verständlich machen.

Damals, als die Schlangen zu Schlangen wurden, gab es für sie zwei Möglichkeiten: ihre Ernährung auf Futter umzustellen, das ohne viel Aufwand zu überwältigen war (Gemüsearten, Früchte usw.), oder den Verzehr verschiedener Lebewesen, welche sich zur Wehr setzen und dadurch den Nahrungserwerb schwierig gestalten, beizubehalten. Da letztere Möglichkeit zum Tragen kam und Schlangen keine Gliedmaßen hatten, mußten viele von ihnen neue Wege zum Beuteerwerb entwickeln.

Einige von ihnen wurden zu Würgeschlangen. Es handelt sich dabei um jene Schlangen, die ihre Beute mit ihren Kiefern greifen, ihren Körper in mehreren Schlingen um die Beute winden und diese dann durch anhaltend kraftvolles Drücken ersticken. Die Mehrzahl der größeren ungiftigen Schlangen, von 90 cm langen Kletternattern bis 7,50 m messenden Netzpythons, überwältigen ihre Beute auf diese Weise.

Eine zweite, weniger häufige, aber ebenso effektive Technik ist das Halten und Töten der Beute einfach durch die Kieferkraft oder das Erdrücken des Futtertieres, indem es gegen einen festen Gegenstand gepreßt wird. Natürlich erwürgen die meisten kleineren Schlangenarten ihre Beute grundsätzlich nicht, aber ihre Futtertiere sind normalerweise auch so klein, daß es dazu auch gar keinen Grund gibt.

Schließlich haben wir dann noch solche Schlangen, die ihre Beute beißen und dabei vergiften. Diese entwickelten dadurch ihre ganz eigene Art des Beuteerwerbs und der Nahrungsaufnahme. Die uns bekannten Giftzähne wurden ursprünglich

Es wird generell angenommen, daß die Elapiden, wie diese Micrurus dumerili, die ersten Giftschlangen waren. Einige Wissenschaftler sind allerdings der Auffassung, daß dies eher auf die solenoglyphen Schlangen zutrifft.
Foto: Robert S. SIMMONS.

zum Injizieren von verdauungsfördernden Enzymen in das Beutetier entwickelt, um den Verdauungsprozeß zu beschleunigen. Sie wurden auch, wenn es nötig schien, zur Abwehr von vermeintlichen Angreifern wirksam eingesetzt. Ein weitverbreiteter Irrglaube ist, daß Giftschlangen willkürlich angreifen und mit jedem Biß tödlich wirkende Giftmengen abgeben.

In Wirklichkeit aber handelt es sich bei vielen nur um einen Scheinangriff, der einfach dem Zweck dient, eine weitere Bedrohung durch einen Feind zu verhindern, der die Schlange, absichtlich oder nicht, irritiert. Manchmal kommt es dabei noch nicht einmal zu einem wirklichen Körperkontakt. Zweifellos haben nicht viele Lebewesen, der Mensch eingeschlossen, die Bereitschaft, ihr eigenes Leben nur durch Scheinangriffe zu verteidigen. Der Autor selbst konnte mehrfach Situationen beobachten, in denen Schlangen Kontakt mit Beutetieren hatten, ohne daß diese in irgendeiner Weise verletzt worden wären.

Klassifikation

Irgendwann zwischen der Mitte und dem Ende des 18. Jahrhunderts entdeckten die Biologen, daß es eine riesige Anzahl von Lebensformen gab, die wissenschaftlich zu bearbeiten und in einem allgemein anwendbaren Klassifizierungssystem unterzubringen wären.

1758 publizierte schließlich der schwedische Botaniker Carl von LINNè(1707-1779), auch bekannt unter dem Namen Carolus LINNAEUS, die zehnte Auflage seiner "Systema Naturae"´. Hier stellte er ein System der "binären Nomenklatur" vor. Danach erhielt jede ihm bekannte Lebensform einen zweiteiligen wissenschaftlichen Namen, häufig in lateinisch. Die Regeln dieser Namensvergabe nennt man "Nomenklatur". „Taxonomie" und „Systematik" sind ein Fachgebiet der Biologie, das sich mit den Verwandtschaftsbeziehungen der Lebewesen und ihrer Ordnung in einem hierarchischen System befaßt. Die Methodik ist seit ihrer Einführung ständig verfeinert worden. Bis auf wenige Ausnahmen basiert sie jedoch weitestgehend auf inneren wie auch äußeren morphologischen Merkmalen.

Die hierarchische Anordnung enthält eine Reihe weiterer Klassifikationen, wie Stamm, Klasse, Ordnung, Familie, Gattung und Art gestaltet. Natürlich gibt es zahlreiche Zwischenstufen wie Unterfamilien, Unterarten usw.

So erhält auch jede Schlange einen Gattungs- und einen Artnamen, manchmal auch noch einen Unterartnamen. Fast alle wissenschaftlichen Namen haben eine sehr genaue Bedeutung. Auch wenn sie auf den Laien oft unverständlich wirken, stellen sie eine logische Beziehung zum namentragenden Tier dar. Mitunter sind diese Namen latinisierte Namen von Wis-

Der Tropfen Flüssigkeit, der an der Spitze des Giftzahnes dieser Agkistrodon sp. hängt, ist ein Beispiel dafür, wie Schlangengift in den meisten Fällen aussieht.
Foto: S. KOCHETOV.

senschaftlern, aber selbst daraus kann man meistens noch einige Informationen ableiten. *Agkistrodon piscivorus conanti* wurde beispielsweise nach dem hochgeschätzten Herpetologen Dr. Roger CONANT benannt.

Im Interesse der wissenschaftlichen Korrektheit wird der latinisierte Gattungsname mit großem Anfangsbuchstaben und die folgenden Art- und Unterartnamen klein und beim Druck kursiv geschrieben. Die Königskobra schreibt sich also folglich *Ophiophagus hannah*. Die Namen von Familien, Ordnungen, usw. werden groß und nicht kursiv geschrieben.

Morphologie

Unter dem Begriff „Giftschlangen" sind im wesentlichen alle die Schlangen zusammengefaßt, die beim Biß Gift absondern. Sie können den unterschiedlichsten Familien oder Unterfamilien angehören. Zum einfacheren Verständnis wird dieses Kapitel nach den drei Grundtypen der Gebißausbildung von Giftschlangen unterteilt. Diese sind folgendermaßen definiert:

1. die Solenoglyphen, d.h. Schlangen mit beweglichen, vornstehenden Giftzähnen;
2. die Proteroglyphen, d.h. Schlangen mit unbeweglichen, vornstehenden Giftzähnen;
3. und die Opisthoglyphen, d.h. Schlangen mit rückseitig gefurchten, hintenstehenden Giftzähnen.

Der Verfasser ist der Auffassung, daß diese Aufteilung dem Leser die Erfassung des morphologischen Systems um vieles einfacher macht.

Die Solenoglyphen

Wegen ihres ungewöhnlichen und einmalig ausgebildeten Giftapparates wurden diese Schlangen oft als die am höchsten entwickelten Giftschlangen angesehen. Sie besitzen lange Giftzähne, die weit vorne im Oberkiefer stehen und die bei geschlossenem Maul eingeklappt im Gaumendach verborgen sind. Erstaunlicherweise können beide Zähne unabhängig voneinander bewegt werden, wenn auch von dieser Möglichkeit nur selten Gebrauch gemacht wird. Alte Giftzähne werden durch neue ersetzt, die beiderseitig aus einem Bereich im oberen Mundraum direkt hinter den vorhandenen herauswachsen. Manchmal kann man somit beim Gähnen oder Beutefang einer sole-

Diese Zeichnung gibt ein Beispiel für alle drei "Typen" von Giftschlangen. Von oben: solenoglypher Zahntyp (vornstehende, bewegliche Giftzähne), proteroglypher Zahntyp (vornstehende, unbewegliche Giftzähne), und opisthoglypher Zahntyp (rückseitig gefurchte, hintenstehende Giftzähne).
Zeichnung: Alexandra SUCHENKO.

noglyphen Schlange zwei Giftzähne auf einer oder auf beiden Seiten des Maules erkennen. Das ist gar nicht so ungewöhnlich. Es sind einfach nur Zähne, die sich im Austauschprozeß befinden.

Diese Zähne dieser Schlangen selbst sind normalerweise länger als die von Schlangen der anderen beiden Typen. Sie sind leicht gebogen und hohl; die Kanalöffnung liegt direkt vor der Zahnspitze.

Ein weiteres Unterscheidungsmerkmal der Solenoglyphen liegt in der Art seiner Anwendung des Giftapparates. In der Regel sind die mit beweglichen Fangzähnen ausgestatteten Giftschlangen diejenigen, die am schnellsten zubeißen. Sie "schnappen" nicht, sondern "schlagen" zu und das mit einer Schnelligkeit, daß man es durch ein Augenblinzeln glatt übersehen kann. Diese Fähigkeit ist im Laufe der Zeit so weit entwickelt worden, daß die besagte Schlange in einer geschmeidigen, schnellen Bewegung angreifen, beißen und in die Angriffshaltung zurückkehren kann, lange bevor das Opfer überhaupt reagieren kann.

Einige der bekannten solenoglyphen Gattungen sind *Crotalus*, *Agkistrodon*, *Bitis*, *Bothrops* und *Trimeresurus*.

Die Proteroglyphen

Unabhängig von den offensichtlichen morphologischen Unterschieden, die wir hier untersuchen wollen, ist das vielleicht herausragendste Merkmal dieser Gruppe die Tatsache, daß sie einige der tödlichsten Schlangen der Welt erfaßt. Ohne Frage hat selbst der angehende Jungterrarianer von den Mambas, Kobras und Korallenottern gehört. Sie alle sind proteroglyph und sollten mit größter Vorsicht behandelt werden.

Proteroglyphe Schlangen sind morphologisch insofern einmalig, daß sie im Gegensatz zu ihren Verwandten mit vorderständigen Fangzähnen, den Solenoglyphen, generell kleinere und unbewegliche Giftzähne besitzen. Diese Zähne sind zwar gefurcht, meist ist diese Furche weitgehend geschlossen, so daß das Gift von den Drüsen durch diesen Kanal geleitet werden kann. Bei einigen Arten können die kleinen Giftzähne geringfügig kreisförmig bewegt werden.

Dabei zeigt bei etlichen proteroglyphen Schlangen die kleine Kanalöffnung nach außen. Werden die Giftdrüsen durch Muskelkontraktionen unter Druck gesetzt, ist die Schlange in der Lage, ihr Gift in zwei dünnen Strahlen gegen ihren Feind zu spritzen. Unter anderen ist das bei den Speikobras der Gattung *Naja* der Fall. Dieser gleichermaßen faszinierende wie auch gefährliche Abwehr/Angriffsmechanismus kann für das unglückliche Opfer ständige Blindheit zur Folge haben. Einige der bekannteren Gattungen der proteroglyphen Schlangen sind *Naja*, *Micrurus*, *Dendroaspis* und *Bungarus*. Seeschlangen sind ebenfalls proteroglyph.

Die Opisthoglyphen

Der dritte und letzte morphologische Giftschlangentyp wird durch die Arten mit rückseitig gefurchten, hintenstehenden Giftzähnen verkörpert, die als Opisthoglyphe bezeichnet werden können.

Der Autor möchte an dieser Stelle darauf hinweisen, daß eine große Anzahl von Schlangengattungen in diese Kategorie eingegliedert werden könnte, die auf den Menschen bezogen, nicht notwendigerweise gefährlich oder sogar "giftig" sind. Angehörige der Gattung *Heterodon* (Hakennasennattern) besitzen beispielsweise vergrößerte gefurchte Zähne zum Zweck des Festhaltens und zum "Luftablassen" bei Fröschen und Kröten, die ihnen als Hauptnahrung dienen. Wie auch immer, die meisten Terrarianer wissen, daß sie grundlegend harmlos für Menschen sind. Zwar haben einige Bisse leichte Reaktionen verursacht, aber das waren Ausnahmen; generell beißen sie nahezu nie.

Ähnlich verhält es sich mit den Arten der amerikanischen Gattung *Hypsiglena* (Nachtschlangen) die über einen toxischen Speichel verfügen, der bei ihrer Beute - vorwiegend Echsen - giftig wirkt, bei Menschen aber grundlegend wirkungslos ist. Es sollte also hervorgehoben werden, daß die Mehrzahl der Opisthoglyphen keine ernsthafte Gefahr für die menschliche Gesundheit oder Sicherheit darstellt. Dennoch enthält diese Gruppe einige sehr gefährliche Arten wie die Boomslang (*Dispholidus typus*).

Bei dieser Gabunviper (Bitis gabonica) kann man deutlich die Hautfalte sehen, die den Giftzahn umschließt. Foto: Jim MERLI.

Ein interessantes inneres morphologisches Merkmal der Opisthoglyphen ist das Vorhandensein einer Drüse, die Ohrspeicheldrüse oder Duvernoy'sche Drüse genannt wird. Sie ist sozusagen die Giftdrüse der Schlangen mit rückseitig gefurchten Giftzähnen, die nach dem französischen Wissenschaftler D.M. DUVERNOY benannt ist. Sie befindet sich im Gaumendach und enthält Zellen, die verschiedene Proteine produzieren, die in die durch den Biß beschädigte Haut des Beutetieres eindringen.

Die kurz behandelten, als ungefährlich eingestuften Arten mit vergrößerten Zähnen weisen nicht immer eine Duvernoy'sche Drüse auf.

Die Erklärung für die letztlich gleiche Wirkung auf verschiedene Futtertiere liegt in der chemischen Zusammensetzung des Speichels. Einige der besser bekannten Gattungen der opisthoglyphen Gruppe sind *Boiga*, *Telescopus*, *Chrysopelea*, *Psammophis*, *Leptodeira* und *Oxybelis* .

Diese Gattungen gehören zu den Trugnattern (*Boiginae*), einer Unterfamilie der Nattern (*Colubridae*).

Ein Wort zu den Familien

Für den Amateur-Herpetologen sind die Zusammenhänge der Systematik oftmals verwirrend und schwer verständlich. Beim ersten Versuch diese Thematik zu überschauen, erscheint sie undurchdringlich. Nimmt man sich jedoch die Zeit und versucht, die Prinzipien zu verstehen, wird man feststellen, daß sie eigentlich gar nicht so furchtbar verworren ist.

Es ist vielleicht nicht zu fehl am Platze, einige erklärende Absätze über die Familien der Schlangen einzufügen. Sie sollen dabei helfen, die Verwandtschaftsverhältnisse zwischen Schlangen der gleichen Familie und der Familien zueinander besser zu verstehen.

Familie Colubridae

Dies ist die Familie der so oft genannten Nattern, die fälschlicherweise weithin auch als "harmlose" Schlangen bezeichnet werden.

Es ist zwar durchaus zutreffend, daß Wassernattern, Peitschennattern, Kletternattern, Königsnattern oder Grasnattern

Die "Scheide", wie die den Giftzahn einer Solenoglyphen umschließende Hautfalte auch genannt wird, zieht sich zurück, wenn die Zähne in ein Objekt eindringen.
Foto: K.H. SWITAK.

Vier Beispiele von solenoglyphen Schlangen. Im Uhrzeigersinn von links oben: Bitis gabonica rhinoceros, Trimeresurus albolabris, Atheris chloroechis und Bothrops asper.
Fotos: Robert T. ZAPPALORTI, W. WUSTER, Paul FREED und W. WUSTER.

Vier Beispiele von proteroglyphen Schlangen. Im Uhrzeigersinn von links oben: Elapsoidea sundevalli boulengeri, Naja naja kaouthia, Bouengerina annulata und Aspidelaps lubricus. Fotos: Paul FREED, K.T. NEMURAS, Aaron NORMAN und Jim MERLI.

Vier Beispiele von opisthoglyphen Schlangen. Im Uhrzeigersinn von links oben: Heterodon simus , die Südliche Hakennasennatter, die, wie auch ihre Verwandtschaft, ein Jahrzehnt lang ein beliebtes Terrarientier war, von dem viele Pfleger nie wußten, daß sie Giftzähne besitzt), Leptodeira septentrionalis, Dendrelaphis pictus und Boiga ocellata. Fotos: R.T. ZAPPALORTI, R.D. BARTLETT, W. WUSTER und W. WUSTER.

Von allen Giftschlangen hält die Gabunviper (Bitis gabonica) den Rekord für die längsten Giftzähne. Manche sind über vier Zentimeter lang.
Foto: John VISSER.

alle zu dieser Familie gehören, aber die Boomslang (*Dispholidus typus*) und die Vogelnatter (*Thelotornis kirtlandi*), die beide für Todesfälle bei Menschen bekannt sind, gehören ebenfalls dazu. Sie sind, wie der Leser bereits erfahren hat, opisthoglyph und verfügen über ein wirkungsvolles Gift. Schlangen mit rückseitig gefurchten, hintenstehenden Giftzähnen gehören also zusammen mit denen ohne eine solche "Ausstattung" zu dieser Familie. Letztere haben ein "aglyphes" Gebiß.

Die Trennung der Nattern von anderen Familien basiert größtenteils auf dem Zahnsystem, d.h. der Struktur und Anordnung der Zähne. Nattern können sowohl tag- als auch nachtaktiv sein, und viele haben eine ganz spezielle Ernährungsweise. Die Scharlachnatter (*Cemophora coccinea*) ernährt sich als Beispiel fast ausschließlich von Reptilieneiern. Nattern können ovipar (eierlegend) oder viviovipar (eilebendgebärend) sein und bevölkern eine Vielzahl von Lebensräumen. Einige sind terrestrisch, andere, wie die Boomslang, sind hochgradig arborikol. Wieder andere sind an ein Leben im Untergrund angepaßt. Zur Zeit werden etwa 14 Unterfamilien unterschieden. Eine Unterfamilie sind die bereits erwähnten opistoglyphen Trugnattern.

Familie Elapidae

Diese Familie, die Giftnattern, umfaßt die Kobras und ihre Verwandten, die zusammen mit den Seeschlangen (Familie Hydrophiidae) die Proteroglyphen ausmachen. Geographisch betracht ist es eine sehr weit verbreitete Familie, die in Amerika, Afrika, Asien und Australien beheimatet ist. In Australien dominieren sie sogar die Schlangenwelt.

Das Elapidengift ist meistens neurotoxisch mit einigen hämotoxischen Bestandteilen und dementsprechend sehr gefährlich. Giftschlangen können terrestrisch oder arborikol leben, einige wenige wühlen und eine einzige Gattung, die Wasserkobras (*Boulengerina*), ist hochgradig amphibisch. Unter den Giftschlangen gibt es sowohl ovipare als auch viviovipare, wobei es bei beiden tag- und nachtaktive Arten gibt.

Familie Hydrophiidae

Das sind die Seeschlangen, die alle zu den Proteroglyphen gehören. Viele Herpetologen betrachten die Seeschlangen weniger als eigenständige Familie, sondern als Unterfamilie der Elapidae,da sich auch bei den Kobras und Kraits aquatische Formen entwickelt haben. Generell sind Seeschlangen ruhige,

Die Schmuckbaumschlange (Chrysopelea ornata) ist eine extrem schnelle Natter aus den dichten Monsunregenwäldern von Indien, Sri Lanka, Südchina und der Malayischen Halbinsel.
Foto: B. KAHL.

Wenn eine Schlange nur mit Gattungs- und Artnamen aufgeführt ist, heißt das, daß keine Unterart bekannt ist, wie im Fall der Grünen Nachtbaumnatter (Boiga cyanea).
Foto: R.D. BARTLETT.

friedfertige Tiere mit einem äußerst wirksamen Gift. Sie sind problematisch in der Haltung und kaum für den Terrarianer geeignet. Ihre Heimat sind tropische und subtropische Gebiete des Indopazifik. Seeschlangen sind ihrem Lebensraum ausgezeichnet angepaßt. Die meisten haben einen ruderähnlichen Schwanz sowie klappenförmige Nasenschilde. Im Kiefer befindet sich eine Drüse, die sie zur Salzausscheidung befähigt.

Es gibt zwei Unterfamilien, die Laticaudinae und die Hydrophiinae. Erstere sucht zur Eiablage das Land auf; letztere bringt lebende Jungtiere im Wasser zur Welt. In vielen Gegenden wird das Fleisch und die Haut der Seeschlangen kommerziell vermarktet.

Familie Viperidae

Als die vielleicht interessanteste aller Giftschlangenfamilien bestehen die Ottern (Viperidae) überwiegend aus Solenoglyphen. Die taxonomische Gliederung dieser Familie hat öfter gewechselt. So werden die Grubenottern mit wärmeemp-

Viele Colubriden mit hintenstehenden Giftzähnen können leicht für aglyphe Arten gehalten werden (solche ohne Giftzähne). Diese Boiga atriceps ähnelt beispielsweise vielen "harmlosen" Schlangen.
Foto: R.D. BARTLETT.

Man beachte die langen Rippen bei diesem Vipern-Skelett. Die meisten Mitglieder der Familie Viperidae haben einen starken Umfang.
Foto: W.P. MARA.

Links: Auch wenn diese Schildnasenkobra (Aspidelaps scutatus) recht "niedlich" erscheint, gehört sie trotzdem zu den gefährlichsten Schlangen, selbst schon im Fall des hier gezeigten Jungtieres.
Foto: Paul FREED.

Rechts:: Vipera xanthina ist ein typisches Beispiel für ein Mitglied der Familie Viperidae. Man beachte den rhombenförmigen Kopf.
Foto: B. KAHL.

findlichen Gruben zwischen Nasenschild und Augen als eigene Familie oder wie die "echten" Vipern (Viperniae) als Unterfamilie (Crotalinae) der Ottern angesehen.

Bei Bißunfällen beim Menschen werden die meisten Schäden durch Hämotoxine verursacht, obwohl bei einigen Arten zumindest teilweise auch Neurotoxin vertreten sind.

Die Mehrzahl der Viperidae ist nachtaktiv. Sie jagen ihre Beute in den Dämmerungsstunden; tagsüber wärmen sie sich in der Sonne auf und suchen nach Paarungspartnern. Viele vergraben sich während der Tagesstunden. Andere sind arborikol.

Einige sind ovipar, doch die meisten sind eilebendgebärend. Sie bevölkern eine große Auswahl an Habitaten. Einige haben sich an extreme Lebensräume wie den Polarkreis angepaßt, während sich andere in das gnadenlose Wüstenleben eingegliedert haben.

Sie ernähren sich überwiegend von kleinen Säugetieren, und viele sind gute Terrarienpfleglinge, obwohl sie ihre Aggressivität dem Menschen gegenüber nie aufgeben und am besten nicht angefaßt werden sollten.

Gift, Schlangenbisse und Giftgewinnung

Generell unterscheiden sich die in diesem Buch behandelten Schlangen von allen anderen durch ein besonderes Merkmal - ihr Gift. Aber was genau ist Schlangengift? Was ist seine Funktion? Welches sind seine chemischen Bestandteile? Warum wirken manche Gifte fast immer tödlich auf Menschen und andere nicht? Und haben Gifte irgendwelche nutzbaren Eigenschaften? Der Autor wird versuchen, einige dieser Fragen in diesem Kapitel zu beantworten.

Wenn er auch zweifellos zu den Giftschlangenarten gehört, so hat der Kupferkopf (Agkistrodon contortrix) doch ein relativ schwaches Toxin, und es kommt nur äußerst selten zu tödlichen Bißunfällen mit Menschen.
Foto: R.T. ZAPPALORTI.

Bestandteile des Schlangengiftes

Vielleicht hat der eine oder andere Leser schon einmal persönlich, auf einer Fotografie oder im Fernsehen einem professionellen Schlangenpfleger beim "Melken" einer Giftschlange zusehen können. Bei genauerer Betrachtung konnte man erkennen, daß es sich um eine klare gelbliche Flüssigkeit handelt. Bei einigen Seeschlangen, Kraits und Jungtieren von einigen Arten ist das Gift etwas dünnflüssiger und meistens klar. Aber meistens hat es eben diese gelbe Farbe.

Schlangengift ist eine sehr komplexe Mischung aus chemischen Stoffen, darunter viele Enzyme. Auch ungiftige Schlangen verfügen über derartige Enzyme. Jedes hat seine ganz spezielle Funktion und Wirkung. Manche wirken im Verdauungsprozeß, andere dienen der Beutelähmung. Einige der besser bekannten Stoffe und ihre Wirkung sind: Cholinesterase - bei den meisten der gefährlicheren Arten zu finden, speziell bei den Elapiden -, welches das Nervensystem angreift und die Muskulatur lähmt, wo das Opfer nahezu wehrlos wird; L- Aminosäureoxydase - bei einigen Vipern - für die Gelbfärbung in diesem speziellen tierischen Gift verantwortlich und mit Wirkung auf die Verdauung und andere Enzyme; Hyaluronidase - in vielen Schlangengiften zu finden- beschleunigt die Aufnahme anderer Enzyme im Körper des Opfers; Proteinase - häufig im Gift der Familie Viperidae nachzuweisen- spielt eine große Rolle im Verdauungsprozeß der Schlange und beschleunigt die Zerstörung von Gewebe. Es ist eines der Enzyme, welches bei Menschen für schwerste Gewebeschäden verantwortlich ist, da es dazu beiträgt, Gewebe zu verdauen. Adenosintriphosphatase - wahrscheinlich bei den meisten Schlangen vorhanden, mit Bestimmtheit aber bei den meisten Vipern - ist sicherlich einer der Hauptauslöser für die Schockwirkung auf das Opfer und lähmt kleine Beutetiere. Phosphodiesterase ist höchstwahrscheinlich ebenfalls bei allen Giftschlangen nachweisbar und für negative Herzreaktionen beim Opfer verantwortlich. Sie führt insbesondere zu einem rapiden Blutdruckabfall.

Das ist nur ein kleiner Teil der heute bekannten Bestandteile von Schlangengift. Einige andere Enzyme, die man isoliert und identifiziert hat, sind von ihrer Wirkung her immer noch ein Geheimnis. Die Forschung wird auch in Zukunft weitere Antworten ans Licht bringen. Selbstverständlich verursacht der Biß verschiedener Arten unterschiedliche Reaktionen, woraus zu folgern ist, daß der Anteil der einzelnen Giftbestandteile von Schlangenart zu Schlangenart variiert.

Extrem gefährliche Giftnattern wie Kobras oder Mambas verfügen über eine viel höhere Konzentration der mehr neurotoxisch wirkenden Enzyme; neurotoxisch bedeutet dabei einen Angriff auf das zentrale Nervensystem, das Gehirn. Andererseits besitzen Mitglieder der Familie Viperidae eine auffällige Konzentration von Cytotoxinen und Hämotoxinen, die Gewebe, Muskeln usw. angreifen bzw. die Blutgerinnung beeinflussen, was zu Narben, Wundbrand und dauerhafter Unbeweglichkeit bei den betroffenen Gliedmaßen führen kann. Sicher ist es nicht immer so schlimm, wie es sich anhört. Obwohl Wassermokassinschlangen (*Agkistrodon piscivorus*) Vipern sind, deren Gift hauptsächlich Muskelgewebe und Haut zerstört, werden trotzdem gelegentliche Todesfälle bekannt. Im Vergleich dazu hat der Autor einige fürchterliche Hautschäden bei überlebenden von "Auseinandersetzungen" mit Kobras und Mambas gesehen.

Letztlich kommen wir zu der viel gestellten Frage "Welche Schlange ist die giftigste?", die meistens zu ausgedehnten Diskussionen führt. Warum? Ganz einfach, weil es keine eindeutige Antwort gibt. Was meinen wir mit "am giftigsten?" Heißt das, welche Art hat die größte Giftmenge, oder welches Gift ist das toxischste? Schon hierbei gibt es erhebliche Unterschiede.

Beim Beißen sondern alle Giftschlangen eine bestimmte Giftmenge ab. In Milligramm wird angegeben, wieviel Gift produziert wurde. Die Giftwirkung wird gewöhnlich als LD50 bezeichnet. Sie gibt an, wieviel Gift benötigt wird, um die Hälfte der Empfänger einer Versuchsgruppe bei klinischen Tests zu töten. Diese Empfänger sind selbstverständlich die obligatorischen Mäuse und/oder Ratten.

Einige Schlangen verfügen über ein viel stärkeres Gift als andere, produzieren aber geringere Mengen. Die Lanzenotter (*Bothrops schlegeli*) gibt beispielsweise eine Giftmenge von 10 bis 20 mg ab, aber ihre tödliche Dosis liegt bei etwa 15 mg für einen Mann. Im Vergleich dazu hat die tödlich giftige Östliche Diamantklapperschlange (*Crotalus adamanteus*), eine LD50 von 100 mg und eine mittlere Giftmenge von 300 bis 500 mg. So kann man sehen, wieviel einfacher es für eine Klapperschlange

Das Ausmaß einer Schädigung des menschlichen Körpers durch eine Giftschlange variiert von Art zu Art. Die hier gezeigte Wassermokassinschlange (Agkistrodon piscivorus) gehört zur selben Gattung wie der Kupferkopf, verursacht aber erheblich schwerere Gewebeschäden und zweifellos viel mehr Todesfälle. Foto: R.T. ZAPPALORTI.

ist, einen Menschen umzubringen. Aber seien wir fair und versuchen letztlich die ursprüngliche Frage zu beantworten. Tests zeigen, daß die Schlange mit dem toxischsten Gift die Seeschlange *Enhydrina schistosa* ist, wohingegen etliche vipernartige Schlangen wie die Gabunviper (*Bitis gabonica*) extrem hohe Giftmengen von 350-600 mg abgeben. Somit bleibt die Antwort der Betrachtungsweise überlassen.

Schlangenbisse

Ganz egal wie profiliert die betreffende Person auch sein mag, alle Herpetologen fürchten sich davor, von einer Giftschlange gebissen zu werden. Und diese Angst ist absolut begründet. Schauen wir den Tatsachen ins Auge - ist man gebissen worden, schwebt man in Lebensgefahr.

Eine häufig gestellte Frage zu Schlangenbissen ist: "Wieviel Gift gibt eine Schlange beim Biß ab?" Viele Leute nehmen an, daß die Giftdrüse einer Schlange so klein ist, daß die Schlange sie völlig entleeren muß und daß das Tier die austretende Menge nicht kontrollieren kann. Beide Auffassungen sind falsch. Die Wahrheit ist, daß der mittlere Prozentsatz des abgegebenen Giftes bei einem Schlangenbiß nur zwischen 10 und 20% der vorhandenen Gesamtmenge liegt. Deshalb kann mit Sicherheit gesagt werden, daß eine Giftschlange nie mehr als die Hälfte ihres Giftvorrates auf einmal abgibt. Während die Schlange ihr Gift injiziert, finden eine Reihe von Bewegungsabläufen statt. Muskeln üben Druck auf die Giftdrüse aus, die Giftzähne werden ausgeklappt und dann natürlich das Zustoßen und der eigentliche Bißkontakt. Alle diese Abläufe werden von der Schlange selbständig und bewußt gesteuert.

Weiterhin gibt es bei den verschiedenen Schlangen unterschiedliche "Bißtypen". So stoßen und beißen Vipern normalerweise sehr schnell zu und federn dann in ihre Ausgangsstellung zurück. Giftnattern und gewöhnlich auch Schlangen mit rückseitig gefurchten Giftzähnen "schlagen" in ihre Beute, halten sie fest und "kauen" sogar gelegentlich darauf herum. Im Fall von großen Beutetieren, die die Schlange leicht mit sich herumschleifen können, ist ein Festhalten natürlich nicht angebracht, und daher ergreifen Vipern ihre Beute nicht, ausgenommen sie ist klein und leicht zu überwältigen.

Es ist anzunehmen, daß es Menschen gibt, die trotz der Gewißheit, daß ein Schlangenbiß ein sehr ernstzunehmender lebensbedrohender Unfall ist, eventuell doch neugierig darauf sind zu erfahren, was für ein Gefühl es wirklich ist, von einer Schlange gebissen zu werden. Auch um diese Neugierde zu stillen, ist es nicht ratsam, daß jemand Klapperschlangen oder Kobras mit der bloßen Hand fängt. Aus diesem Grunde sind

Wenn ein Terrarianer unbedingt eine Giftschlange pflegen will, so ist er gut beraten, wenn er eine wählt, die nicht unbedingt für eine verläßlich tödliche Giftwirkung auf den Menschen bekannt ist. Schlegels Lanzenotter (Bothrops schlegeli) ist ein gutes Beispiel für eine solche Schlange.
Foto: Alex KERSTICH.

vielleicht einige Beispiele über Personen angebracht, die eine solche Erfahrung schon hinter sich haben. Der Leser kann sich daraus sein eigenes Urteil bilden.

Carl KAUFFELD, Herpetologe und unbestreitbar ein äußerst erfahrener Pfleger, erinnert sich an den Biß einer großen Kobra. In dem Buch, in dem er diese Geschichte schildert (SHERMAN, A. und M. RUTHERFORD-MINTON "Venomous Reptiles") beschreibt er, daß er anfangs gar nichts gespürt hat. Es erfolgte keine sofortige Schwellung oder lokales Brennen - etwas, das häufiger bei Vipernbissen auftritt. Dann registrierte er ein leichtes Gefühl der Benommenheit und eine zunehmende allgemeine Schwäche, der Lethargie folgte und schließlich eine merkwürdige Dunkelheit um ihn herum. Er nimmt sicher an, daß er während des gesamten Vorganges zumindest zeitweise bewußtlos war, und daß das alles nicht besonders schmerzhaft war.

Diese Geschichte beweist uns viel von dem, was wir bereits über mehr neurotoxische Schlangengifte gelernt haben. Es zeigt, daß verschiedene Gifte das Opfer nicht sehr schmerzhaft empfinden. Andererseits gibt Henry S. FITCH in "Autecology of the Copperhead" eine lebendige Schilderung über einen Vorfall, bei dem er eines Nachts aus seinem Auto sprang, um zu versuchen, einen ausgewachsenen Kupferkopf zu fangen, der vor seinem Wagen die Straße überquert hatte und sich nun auf einige Büsche zubewegte. Während er sich bemühte, den Kopf des Tieres mit einem 30 cm langen Lineal - das einzige Hilfsmittel, was ihm zur Verfügung stand - auf den Boden zu drücken, kam ein anderer Wagen um die Straßenbiegung und blendete ihn vorübergehend mit den Scheinwerfern. Die Schlange nutzte ihren Vorteil, schnellte herum und grub ihre Giftzähne tief in den Mittelfinger seiner rechten Hand und glitt auf und davon.

Er kümmerte sich nicht umgehend um fachgerechte medizinische Hilfe, sondern fuhr auf der Stelle nach Hause und begann die Entwicklung seines Zustandes aufzuzeichnen. Er berichtete von einem zunächst stark brennenden Gefühl um die Bißstelle. Dann begann diese anzuschwellen. Danach folgten schwere Übelkeit und Erbrechen. Schließlich erholte er sich, und übrig blieb nur eine kleine Narbe.

Das ist ein typischer und natürlich unangenehmer Verlauf, wie er durch den Biß einer weniger gefährlichen Viper oder Grubenotter hervorgerufen wird.

Dem Autor sind auch einige schwerere Fälle mit Klapperschlangen und anderen Schlangen bekannt, bei denen es

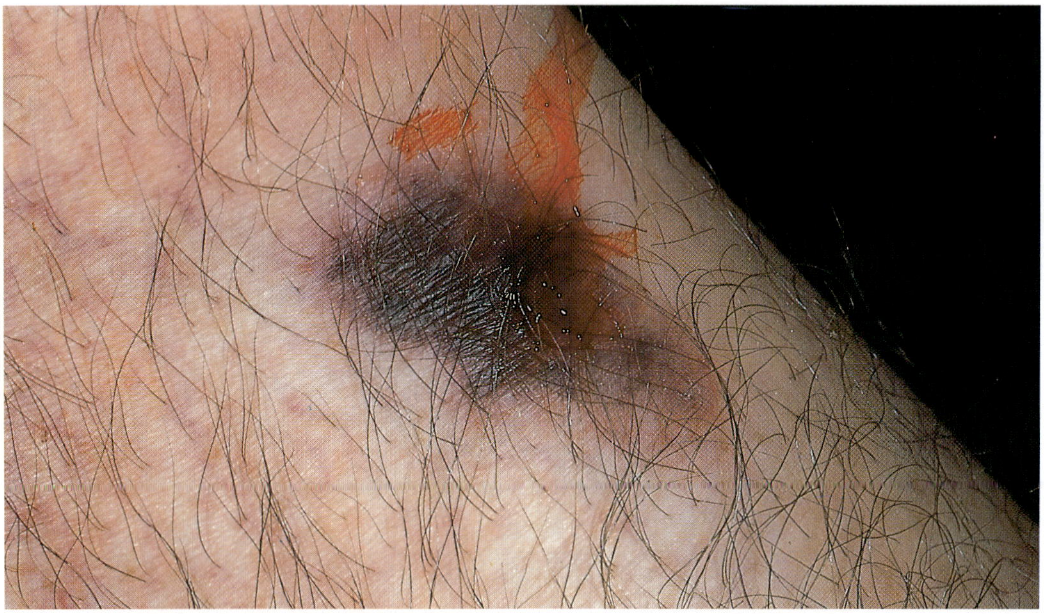

Nahaufnahme einer durch einen Kupferkopf verursachten Bißwunde . Man beachte die lokale Verfärbung des Gewebes. Foto: Jim MERLI.

zusätzlich zu erheblichen Reaktionen des Kreislaufsystems kam, die mit einem Krankenhausaufenthalt endeten. Andere gut bekannte physiologische Reaktionen waren starke Schmerzen in Magen und Nieren, Taubheit und, in unbehandelten Fällen, schwerer Wundbrand.

Zum Schluß noch eine kurze Bemerkung über den Biß von Trugnattern mit rückseitig gefurchten Giftzähnen. Wie erwähnt, sind die Bisse der meisten von ihnen für den Menschen harmlos, manche können allerdings schwere Reaktionen auslösen, und einige wenige können zum Tode führen. Das anschaulichste Beispiel dafür ist der Tod des bedeutenden Herpetologen Karl P. SCHMIDT. Er hantierte mit einer jungen Boomslang (*Dispholidus typus*), welche ihn prompt in den Daumen biß. Das ist keine bedenkliche Stelle für einen Biß - die gefährlichste ist das Genick, die "ungefährlichste" ist das Gesäß. Als Erste-Hilfe-Maßnahme saugte er die Wunde aus, verzichtete dann aber auf weitere medizinische Hilfe - am nächsten Tag war er tot.

In manchen Fällen hat es den Anschein, als ob es sich nur um einen Scheinbiß handeln würde. Dies ist bei vielen nervösen Giftschlangen auch sehr oft der Fall und ist manchmal nicht mehr als ein Zustoßen mit geöffneten Kiefern ohne tatsächlichen Biß. John COBORN, britischer Autor zahlreicher Bücher, entging so nur knapp dem Tod, als eine Viper einen Scheinangriff auf sein Gesicht startete, nachdem er gedankenlos seinen Kopf in ihr Terrarium gesteckt hatte, um nach einem verlegten Hammer zu suchen. Eine weitere Notiz im tragischen Fall von Karl P. SCHMIDT besagt, daß er bis etwa zwei Stunden vor seinem Zusammenbruch keine ernsthaften Schmerzen empfand. Man kann daraus also lernen, daß jeder Schlangenbiß, unabhängig unter welchen Umständen auch immer, mit jeder nur möglichen medizinischen Hilfe versorgt werden sollte.

Für den Fall eines Bißunfalles

Von einer Giftschlange gebissen zu werden, ist wahrscheinlich die traumatischste Erfahrung, die ein Pfleger machen kann. Abhängig von der Art, die gebissen hat, kann das Opfer alles von Unwohlsein und leichten Hautverletzungen bis hin zum mutmaßlichen Ableben erwarten.

Es ist schlechterdings unmöglich, hier einen "Aktionsplan" aufzustellen, der eine Art Überlebensversicherung darstellt. Trotzdem können verschiedene Informationen vermittelt werden, die für jeden hilfreich sind, der bereits gebissen wurde oder in der Zukunft gebissen werden könnte. Diese Angaben werden hier einfach aufgelistet und basieren auf im Laufe der Zeit gesammelten Erfahrungen.

1. Die allgemeine Verhaltensmaßregel, die den meisten Betroffenen angeraten wird, ist: Ruhe bewahren! Das gilt für das Opfer und die Helfer. Das gebissene Körperglied sollte in jedem Fall abgebunden und, wenn möglich, hoch gelagert werden - oberhalb der Herzhöhe. Physische Aktivitäten sollten auf das absolute Minimum reduziert werden. Das Opfer ist schnellstmöglich in ein Krankenhaus zu transportieren.

2. Wenn Sie Giftschlangen pflegen, haben Sie die Telefonnummer des nächsten Krankenhauses stets griffbereit. Wenn möglich, speichern Sie die Nummer im Telefonspeicher. Haben Sie auch eine Straßenkarte zur Hand, auf der der Weg zum Krankenhaus deutlich gekennzeichnet ist. Das für den Fall, daß jemand anderes Sie dorthin fahren muß. Und versichern Sie sich letztlich, daß dieses besagte Krankenhaus auch über das benötigte Gegengift verfügt.

3. Es ist auch in jedem Fall nützlich, ein Absauggerät zu besitzen. Diese werden gewöhnlich unter verschiedenen Markennamen im medizinischen Handel angeboten und sind ihr Geld wert. Machen Sie sich eingehend mit dem Gebrauch dieses Gerätes vertraut, denn eines Tages könnte es Ihr Leben retten.

4. Giftschlangen sollten niemals ohne größte Vorsicht gehandhabt werden. Wegen der Bißgefahr ist es anzuraten, einen Assistenten zur Verfügung zu haben, der im Notfall ein Telefonat führen, ein Auto fahren und erste Hilfe verabreichen kann.

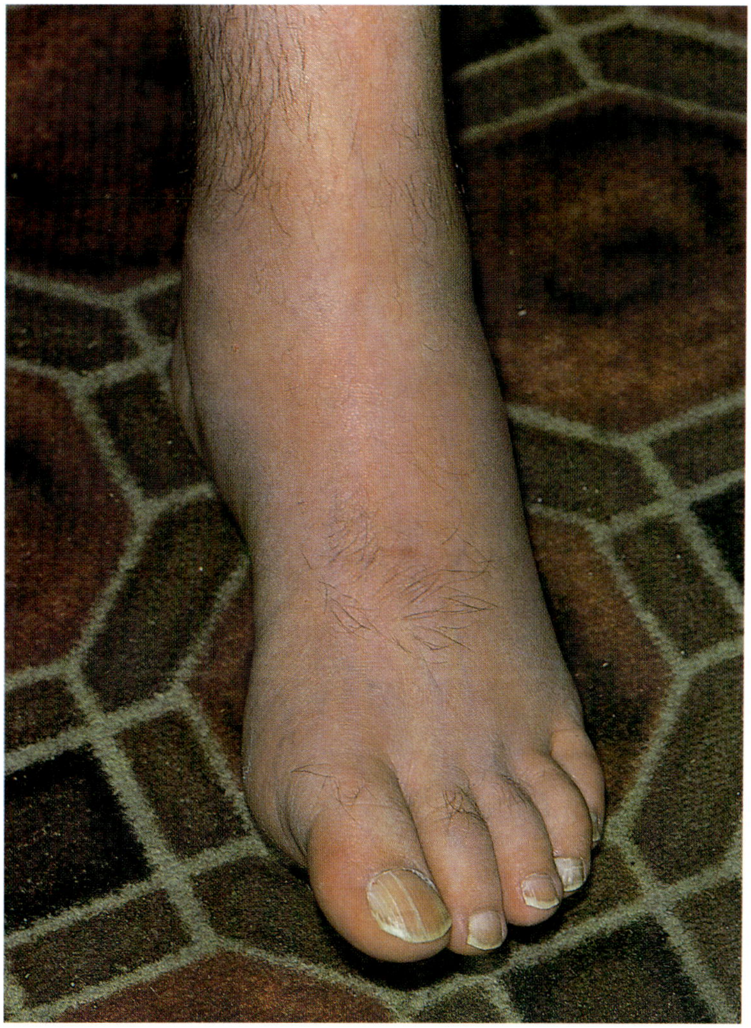

Lokale Schwellungen sind eine der vielen Symptome bei einem Kupferkopf-Biß. Oftmals schwillt die betroffene Stelle bis auf das Doppelte oder sogar Dreifache des normalen Umfanges an.
Foto: Jim MERLI.

5. Teilen Sie auch Ihrem Hausarzt mit, daß Sie Giftschlangen in Ihrem Besitz haben. Er wird eventuell in der Lage sein, einige wertvolle Informationen über Ihren Körper und seine vermutliche Reaktion auf einen Schlangenbiß herauszufinden. Weiterhin kann er dabei behilflich sein, ein geeignetes Krankenhaus ausfindig zu machen, in dem Sie im Notfall behandelt werden können.

Ein letzter erwähnenswerter Hinweis in diesem Zusammenhang ist die Behandlung mit Elektroschocks. Dabei wird eine Elektroschockpistole auf das Umfeld der Wunde gerichtet - normalerweise mit 20 kV mit 1 mA . Die meisten Kommentare von Personen, bei denen diese Behandlung angewandt wurde, berichten über eine erstaunliche Effektivität und ein "wundersames" Ergebnis. Wie dem auch sei, zur Zeit liegen keine wissenschaftlich fundierten Studienergebnisse und Labortests vor, weshalb die meisten Mediziner sie wohl nur höchst widerwillig anwenden würden. Viele Feldherpetologen bezeichnen diese Methode als vielversprechend, und es wäre im höchsten Maße wichtig, sie weiter und eingehend zu untersuchen.

Giftgewinnung

Das Thema Giftgewinnung ist sicher für viele äußerst faszinierend, besonders weil sich die meisten nicht vorstellen können, daß etwas so Gefährliches wie Schlangengift auch irgendwelche wirklich nützlichen Eigenschaften haben kann. In Wirklichkeit hat man viele Verwendungsmöglichkeiten für jenes Gift entdeckt, das in den Drüsen der Giftschlangen produziert wird. Gegengift, auch als Antiserum bekannt, ist das Gegenmittel für viele Schlangengifte. Dem Opfer muß das Antiserum baldmöglichst nach dem Biß verabreicht werden, denn sonst wirkt es nicht mehr. Wird man allerdings weit entfernt von einem erreichbaren Krankenhaus gebissen, ist die Wahrscheinlichkeit auf schnelle Hilfe nicht sehr groß.

Es ist ein häufiger Irrtum, daß ein Gegengift gegen alle Gifte wirkt, denn tatsächlich müßte man für jede Schlangenart ein eigenes spezifisches Gegenmittel haben. Man kann den Biß einer Kobra nicht mit dem Antiserum für einen Kupferkopf behandeln. Es gibt jedoch polyvalente Gegengifte, die eine Verbindung von chemischen Giftbestandteilen enthalten und für verschiedene Gruppen von Schlangen anwendbar sind. Leider wirken sie nicht immer zuverlässig.

Zur Gegengiftproduktion wird einem Pferd ein Zehntel bis ein Hundertstel einer tödlichen Giftdosis injiziert. Diese Dosierung wird langsam in bestimmten Abständen erhöht, bis das Pferd die drei- bis fünffache Menge der tödlichen Dosis verkraften kann. Dann wird dem Tier Blut entnommen und das Serum mit den darin enthaltenen Antikörpern separiert. Unglücklicherweise reagiert etwa ein Drittel aller Empfänger allergisch auf Pferdeserum. Das Standardverfahren erfordert aus diesem Grunde einen Serum- Empfindlichkeits-Test vor der Verabreichung des Gegengiftes.

Die am häufigsten angewandte Art zur Giftgewinnung ist das Melken. Der schnellste, aber nicht unbedingt sicherste Weg dazu ist, das Tier zu ergreifen und die Giftzähne bei geöffnetem Maul über den Rand eines Behälters zu drücken. Gibt die Schlange das Gift nicht freiwillig ab, was sehr oft der Fall ist, werden die Giftdrüsen leicht massiert. Vielfach werden dazu auch schwache Elektroschockgeräte verwendet. Meistens sind die Auffangbehälter mit dünnen Membranen überspannt, die von den Giftzähnen durchdrungen werden müssen. Dadurch wird das gewonnene Gift optimal vor äußeren Einwirkungen geschützt, und dem Tier wird das Gefühl eines Bißkontaktes vermittelt, was natürlich zur Giftabgabe verleitet.

Das Gift wird zum Lagern eingefroren, manchmal mit Hilfe von flüssigem Stickstoff, oder gefriergetrocknet. Frisches Schlangengift verliert seine Wirksamkeit sehr schnell, wenn es nicht kalt gelagert wird. Bei Raumtemperatur und darüber geht die Giftwirkung innerhalb kurzer Zeit verloren; bei Temperaturen von nahezu -200°C kann es allerdings vieleJahre lang gelagert werden.

Die Preise für Schlangengifte waren in der Vergangenheit in Abhängigkeit von der Art und der benötigten Menge sehr hoch. Der Gedanke an ein lukratives Geschäft erledigt sich aber schnell, wenn man überlegt, wie viele Schlangen benötigt werden, um eine brauchbare Menge an Trockengift zu produzieren. Die Aussichten auf die Durchführung dieser Aufgabe werden damit zweifelhaft. Es muß hier auch ganz deutlich darauf hingewiesen werden, daß jene Stellen, die solche Gifte benötigen, ständig und in regelmäßigen Abständen von anerkannten Lieferanten versorgt werden. Man sollte also gar nicht erst nicht versuchen, seine Schlangen in der Hoffnung auf Profit selbst zu melken.

Die Giftentnahme bei einer lebenden Schlange ist eine der gefährlichsten und unberechenbarsten Aktionen, die ein Herpetologe durchführen kann.
Das Foto von Peggy VARGAS das Melken einer Waldklapperschlange (Crotalus horridus).

Der Erwerb von Giftschlangen

Wie die meisten Terrarianer wissen, ist der Erwerb einer Schlange generell keine schwierige Angelegenheit. Die Terraristik hat im Laufe der letzten zehn Jahre erheblich an Beliebtheit gewonnen, weshalb viele mit der Vermehrung ihrer Tiere begonnen und zahlreiche Tierhändler ihre Reptilienabteilungen recht ansehnlich ausgebaut haben. Wo aber Giftschlangen ins Spiel kommen, beginnt die Sache aus offensichtlichen Gründen schwierig zu werden. So ist der Besitz von Giftschlangen in verschiedenen Gebieten verboten, was nicht nur ein Verkaufsverbot für den Händler, sondern auch ein Haltungsverbot für den Terrarianer darstellt. In solchen Fällen ist es das Beste, sich an die Gesetzgebung zu halten, denn die Strafen für Verstöße sind normalerweise recht empfindlich.

Für denjenigen, in dessen Wohngebiet es kein Verbot gibt, bietet sich eine Reihe von Möglichkeiten zum Giftschlangenerwerb an. Die beiden herkömmlichsten werden hier kurz angesprochen.

Kommerzieller Erwerb

Auch in Gebieten, in denen die Haltung erlaubt ist, wird man selten auf einen mit Giftschlangen handelnden Zoofachladen treffen. Einzelne Ausnahmen mögen die Regel bestätigen, jedoch wollen wir uns hier stattdessen auf die spezialisierten Tierhändler und privaten Züchter konzentrieren.

Will man eine Giftschlange erwerben, ist es am besten, Kontakt Terrarianergesellschaft oder einem Terrarienverein aufzunehmen und deren Journal oder eine spezialisierte Zeitschrift zu abonnieren. Dadurch kommt man in Kontakt mit Leuten, die Giftschlangen halten, vermehren oder zumindest entsprechende Terrarianer kennen.

Zu diesem Zeitpunkt sollte man selbstverständlich bereits genau wissen, für welche Schlange man sich interessiert. Wenn nicht, wird vielleicht das Durchsehen des Artenteils dieses Buches helfen. Erweist sich das als nicht ausreichend, so gibt es noch viele andere Bücher mit großer Text- und Fotoauswahl. Es ist zu bedenken, daß auch die Möglichkeiten des angehenden Pflegers Grenzen haben, wie Kostenaufwand, Platz und die Erhältlichkeit einzelner Arten.

Es gibt genug Giftschlangenarten, die nachgezogen werden. Lebt der Verkäufer nicht in der unmittelbaren Umgebung, gibt es die Möglichkeit, das Tier zu verschicken. Das kann recht teuer sein. Die Bestimmungen zum Verschicken von Giftschlangen sind oft sehr streng, und Verstöße gegen diese Gesetze werden hart bestraft. Trifft die erwartete Sendung endlich ein, stellt man das Tier sofort unter Quarantäne. Für die nächsten zwei Wochen sollte die Schlange unter eingehender Beobachtung stehen, um eventuelle Erkrankungen erkennen zu können. Viele Reptilienkrankheiten sind höchst ansteckend, so daß man sich über den Gesundheitszustand des Tieres sicher sein sollte, bevor es mit anderen in Kontakt kommt.

Eigener Fang

Eine andere Möglichkeit zum Erwerb von Giftschlangen ist das Fangen in der Natur. Dieser Methode sind jedoch Grenzen gesetzt. Auch Giftschlangen können zu den gefährdeten Arten gehören und sind in den Artenschutzlisten vieler Länder aufgeführt. Man sollte sich deshalb die Mühe machen herauszufinden, ob das Vorhaben überhaupt legal ist. So sind in Deutschland die Einfuhr und die Haltung aller europäischen Schlangen genehmigungspflichtig.

Hat man einen verläßlichen Feldführer gefunden und eine Schlange von Interesse entdeckt, muß man diese auf rationelle und vorsichtige Weise aufspüren. Man geht nicht einfach "auf die Jagd" im traditionellen romantischen Sinne. Viele Giftschlangen sind in der Lage zu töten, und niemand ist davor sicher.

So ist es ausgesprochen unvernünftig, alleine auf Giftschlangenfang zu gehen. Bei einem eventuellen Bißunfall benötigt man Hilfe.

Außerdem ist es ratsam, nicht nur dicke Jeans oder eine ähnlich feste Hose, sondern auch dicke Lederstiefel zu tragen. Dadurch wird die Gefahr eines Schlangenbisses bereits erheblich reduziert.

Man sollte niemals mit bloßen Händen im Dickicht, unter Fallholz, Steinen oder Schutt herumwühlen, sondern dafür einen langen Haken oder ähnliches benutzen, damit man sich außerhalb der Bißweite befindet und der Körperkontakt mit der unmittelbaren Umgebung auf ein Minimum herabgesetzt wird.

Wenn man das gesuchte Tier gefunden hat, wird es mit Hilfe

Atheris squamiger kommt überwiegend im westlichen und zentralen Afrika vor und ist während der Nachtstunden am aktivsten.
Foto: A. VAN DEN NIEUWENHUIZEN.

Im letzten Jahrzehnt ist die Mangrovennachtbaumnatter (Boiga dendrophila) zu einem sehr gefragten Pflegling geworden, und viele professionelle Züchter führen sie nun auch regelmäßig in ihren Angebotslisten.
Foto: B. KAHL.

eines Greifhakens in einen Sack befördert, nicht mit der bloßen Hand. Durch das Greifen einer Giftschlange mit der Hand wird man bestimmt niemanden beeindrucken, sondern allenfalls das eigene Leben gefährden.

Beim Transport der "Beute" muß der Sack immer in ausreichendem Abstand zum Körper gehalten werden, und er muß natürlich absolut sicher sein. Schlangen haben die schlimme Angewohnheit, so lange an schlecht verknoteten Säcken "herumzubohren", bis diese schließlich aufgehen. Während das bei einer kleinen Ringhalskobra möglicherweise noch amüsant wirkt, hört der Spaß bei Klapperschlangen und Ottern auf.

Hinweise zum Zubehör

Es gibt Situationen in der Giftschlangenhaltung, bei denen man um eine Handhabung der Tiere nicht mehr herumkommt. Glücklicherweise ist eine Reihe von Hilfswerkzeugen dafür erhältlich.

Eines davon ist die Greifzange. Sie besteht aus einer etwa 90 bis 180 cm meist aus Aluminium hergestellten Stange mit einem Griff am einen und einem fingerähnlichen Zangenpaar am anderen Ende. Mit ihr kann man den erforderlichen Druck auf das Tier gut dosieren. Sie sind relativ preiswert und bei Zubehöranbietern erhältlich.

Ein weiteres wichtiges Werkzeug ist der Schlangenstock.Schlangenstöcke sehen einem Golfschläger ähnlich. Ihr unteres Ende ist um 90° abgewinkelt. Es gibt sie in verschiedenen Größen, und auch sie sind verhältnismäßig billig. Ruhige Giftschlangen scheinen, so lange sie in der Körpermitte angehoben werden, diese Art der Manipulation und die Bewegung nicht zu stören. Das Herabdrücken eines Schlangenkopfes mit einem Schlangenstock ist einfacher als mit einem Greifhaken. Man sollte sich also einen Gefallen tun und ein solches Hilfswerkzeug benutzen. Schließlich sind diese auch leichter zu ersetzen als ein guter Terrarianer.

Einige Anmerkungen zu den "Giftlosen"

Frage: Würden Sie eine Königskobra oder Boomslang pflegen, wenn man sie ungefährlich machen könnte?

Zum Hintergrund dieser Frage gibt es z.Z. in den USA eine kontroverse Diskussion.

Mit "Giftlose"(Venomoids) sind Giftschlangen gemeint, die durch menschliche Manipulation "sicher" gemacht wurden. Dazu sind zwei aufwendige chirurgische Eingriffe möglich. Bei dem einen werden die Giftdrüsen des Tieres unter Zuhilfenahme eines Laserstrahlers vollständig entfernt, bei dem anderen werden die Giftkanäle des Tieres durchtrennt, wodurch das Weiterleiten des Giftes zu den Giftzähnen unmöglich gemacht wird. In letzterem Fall geht die Giftproduktion selbst weiter.

Durch diese Manipulation könnte der Terrarianer jede Giftschlange ohne Risiko pflegen, die normalerweise als "gefährlich" eingestuft werden würde. Selbst Bißunfälle blieben ohne

Wenn man den Mut dazu hat, kann man in den USA natürlich auch Giftschlangen selbst fangen. Oben sieht man ein Beispiel von trokkenem Pinienwald - ein guter Platz für viele grabende Arten, unten eine kleine Müllhalde.
Fotos: W.P. MARA.

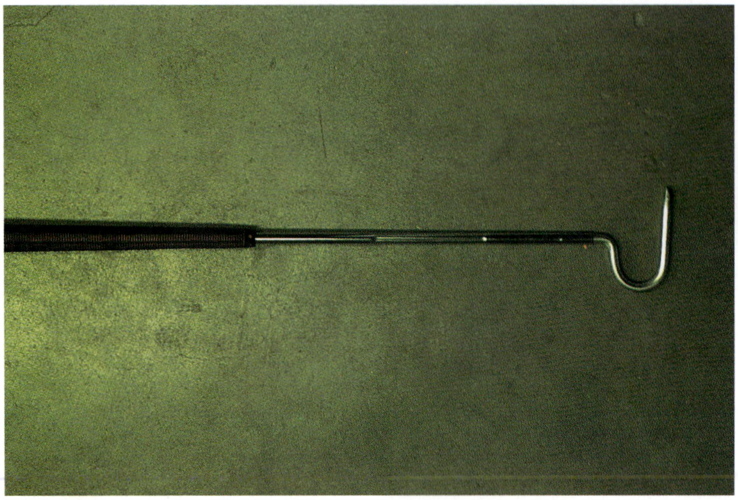

Ein einfacher Schlangenhaken. Foto: Dr. Fredric L. FRYE

Felsige Waldgebiete in Nordamerika sind erstklassige Habitate für Giftschlangen.
Foto: Dr. Herbert R. AXELROD.

Folgen. Die Giftzähne selbst sollten niemals entfernt werden. Experimente haben gezeigt , daß zahnlose Giftschlangen sich unbewaffnet fühlen und kein Futter anrühren, was letztendlich zum Ableben führt.

Wenn auch in der Terraristik relativ neu, so existieren die „Giftlosen" doch schon seit einiger Zeit. Sie wurden für wissenschaftliche Forschungsprojekte benutzt, ebenso für Vorführzwecke in Schlangenparks und Zoologischen Gärten. Es ist natürlich viel sicherer, solchermaßen behandelte Tiere um sich zu haben und deshalb auch viel praktischer.

Viele Autoren haben Zweifel an der Gesundheit solcher Schlangen bekundet. Es wird vermutet, daß die „Giftlosen" eine verkürzte Lebenserwartung haben, da sie wegen ihrer wirkungslosen Giftapparate nicht gut fressen und sogar das Futter ganz verweigern. Fachleute haben solche Giftlosen für verschiedene Zwecke gepflegt und behaupten, daß diese Vermutungen unbegründet seien. Sie berichten, daß giftlose Schlangen in ihrer Obhut ein ganz normales und nicht verkürztes Leben führen.

Obwohl der Autor nur eine Handvoll dieser Schlangen gesehen und noch nicht eine in eigenen Händen gehalten hat, kennt er doch eine Vielzahl von Aussagen von Pflegern, die berichten, daß sie auffallend ruhiger sind als man es von den entsprechenden Arten vermuten würde. Ein Pfleger provozierte seine große Indische Kobra immer wieder zu einem Angriff, jedoch ohne Erfolg.

Andererseits scheinen die "Entgifteten" ganz normal zu wachsen und zu fressen wie jede andere Schlange im Terrarium auch, vorausgesetzt natürlich, sie werden unter normalen Bedingungen und mit der erforderlichen Aufmerksamkeit gehalten. Viele Pfleger solcher Schlangen boten anfangs abgetötetes Futter mit einer Pinzette an, bis schließlich das Futtertier einfach in das Terrarium gelegt werden konnte.

Der Autor möchte aber nicht nur die positive Seite dieser Angelegenheit aufzeigen. Eigentlich möchte er hierbei überhaupt keine Stellung beziehen. Er hat natürlich seine eigene Meinung, aber dieses Buch ist nicht der geeignete Platz, um diese darzulegen. Stattdessen sollen hier Fakten genannt werden, und es ist dem Leser überlassen, seine eigenen Schlüsse zu ziehen.

Einige Pfleger sagen, die „Giftlosen" wären schlecht für die Terraristik. Wenn es erst einmal zu dem einen oder anderen unglücklichen Unfall gekommen sei, könnten viele Landesverwaltungen empfindlich reagieren und die Schlangenhaltung grundlegend verbieten.

Ein anderer Gesichtspunkt ist die Tatsache, daß die „Giftlosen" zu einer Verharmlosung der Giftschlangen führen würde. Jugendliche sehen auf diese Weise jemanden mit einer Klapperschlange oder Kobra hantieren, ohne das erforderliche Wissen über die "Einmaligkeit" dieses speziellen Tieres zu haben. Wie werden sie sich folglich verhalten, wenn sie auf eine Schlange im Unterholz ihres Gartens treffen?

Abschließend stellt sich noch die Frage, wie ein Käufer sicher sein kann, ob er auch wirklich eine der "Giftlosen" erworben hat? Es wäre sehr einfach für einen gewissenlosen Händler, eine "giftlose" "versehentlich" mit einer "heißen" Schlange zu vertauschen.

Man darf auch nicht vergessen, daß die Tatsache allein, daß eine Schlange kein Gift mehr injizieren kann, nicht gleichzeitig heißt, daß sie deshalb auch keine Verletzungen verursachen kann. Tiefe Bißwunden können außerordentlich schmerzhaft sein und sich leicht entzünden. „Giftlose" mit intakten Giftdrüsen sind trotz durchtrennter Giftkanäle sehr wohl in der Lage, zumindest ihren Speichel zu übertragen.

Letztlich muß hier wohl nicht extra erwähnt werden, daß ein Pärchen "Giftlose" nicht weitere "Giftlose" produziert; ihre Jungtiere sind genau so tödlich wie ihre Eltern. Der Autor denkt, daß dies ebenfalls eine der Hauptschattenseiten bei der Haltung von "Giftlosen" ist.

Dieses Thema gehört augenscheinlich zu denen, die weiterer Überlegungen und Betrachtungen bedürfen. Wie bereits erwähnt, möchte der Autor zu diesem Thema hier keine Stellung beziehen, sondern einfach die Vor- und Nachteile aufzeigen. Letztendlich kann nur der Pfleger selbst seine eigene Entscheidung treffen. (Dem deutschen Bearbeiter sei aber eine Meinung erlaubt: Hoffen wir das eine derartige Diskussion im Interesse der Tiere, ihres Gesamtverhaltens, ihres Stoffwechsels, bei uns gar nicht erst aufkommt. Sie ist einer verantwortungsbewußten Terraristik nicht würdig. Eine derart mißhandelte Giftschlange ist ein bedauernswerter, dahinsiechender Krüppel.)

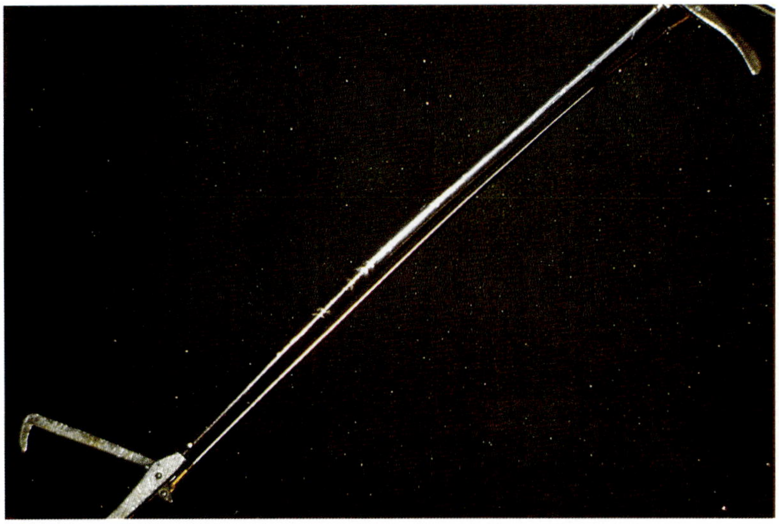

Der Greifstock ist heute vermutlich der am häufigsten verwendete Gegenstand zum Umgang mit einer Giftschlange. Foto: Dr. Fredric L. FRYE

Viele giftige Arten benutzen die Spalten in Felsformationen zur Überwinterung wie auch als sicheres Versteck vor Freßfeinden. Foto: Dr. Herbert R. AXELROD.

Links: Klapperschlangen, wie diese Crotalus mitchelli , gehören zu den häufigsten "Opfern" für die in Mode geratenen sogenannten "Giftlosen".
Foto: Ron EVERHART.
Rechts: Sind Sie sicher, daß das eine "Giftlose" ist?
Foto einer Naja melanoleuca von A. VAN DEN NIEUWENHUIZEN.

Wenn die Rauhschuppige Buschviper (Atheris squamiger) auch nur selten in der Terraristik zu sehen ist, ist sie dennoch fraglos eine äußerst attraktive Schlange, die sich aber nur mit Echsen und Fröschen füttern läßt.
Foto: A. VAN DEN NIEUWENHUIZEN.

Haltung und Pflege von Giftschlangen

Einleitend möchte ich ausdrücklich betonen, daß ich in keinster Weise eine Giftschlangenhaltung im eigenen Heim oder jeder anderen Art von Privaträumen befürworte oder dazu anrege. Es ist eine Tatsache, daß die Giftschlangenpflege viel zu gefährlich und konsequenterweise dem durchschnittlichen Terrarianer nicht zu empfehlen ist. Auch Experten sind einem ständigen Risiko ausgesetzt, weshalb ich es für meine Pflicht halte, im Namen derer zu sprechen, die für die Übermittlung von verläßlichen Informationen an diejenigen, die an Aufklärung interessiert sind, verantwortlich gemacht werden könnten.

Haltung

Die wichtigste Voraussetzung bei der Haltung eines jeden wirklich gefährlichen Tieres ist die korrekte, d.h. sichere und artgemäße Unterbringung. Viele Giftschlangen sind in ihrem alltäglichen Verhalten ziemlich ruhig. Zumindest scheint das für die nordamerikanische Arten zuzutreffen. Der Kupferkopf (*Agkistrodon contortrix*) kann beispielsweise für Stunden in genau der selben Haltung verharren, unbeweglich und überaus friedlich. Andere Arten zeigen dieses Verhaltensmuster ebenfalls, und das sagt dem Pfleger etwas über die Haltungsansprüche.

Wie wir wissen, bevorzugen viele Arten einen nicht zu sehr eingeengten Lebensraum, wobei sich das natürlich nicht nur auf die Ansprüche von Giftschlangen beschränkt. Größe und Gestaltung des Terrariums sind wichtige Gesichtspunkte.

Für eine maximal 60 cm lange Giftschlange sollte ein Terrarienvolumen von etwa 50 l genügen. Für größere Tiere muß das Terrarium wenigstens 100 l fassen.

Glasterrarien, die sich gut zur Haltung von Giftschlangen eignen, können in einigen Zoofachgeschäften erworben werden. Sie sind häufig um vieles besser als selbstgebaute Behälter, da letztere oftmals nicht sicher sind. Viele von ihnen sind aus Holz gebaut, das durch Einwirkung von Temperatur, Feuchtigkeit aufquellen oder austrocknen kann. Letztlich haben nur wenige eine ausreichend verschleißfeste Oberfläche. Die Verwendung von Kunstharzen erfordert eine genaue Materialkenntnis. Es ist ratsam, sich auf die Vollglasbauweise zu konzentrieren. Bei dem zu erwerbenden oder zu bauenden Behälter muß darauf geachtet werden, daß die Glasstärke ausreicht, um ein mögliches Zerbrechen der Scheiben bei der Beutejagd oder Angriffen auf vorbeigehende Personen zu verhindern.

Ein Glasterrarium mit Giftschlangen sollte niemals auf einen instabilen Untergrund gestellt werden. Ein wackeliger, schwachbeiniger Tisch oder ein loses Regal können sehr schnell dazu führen, daß der Pfleger eines Tages nach Hause kommt und einen gläsernen Trümmerhaufen nebst einer vielleicht toten oder irgendwo im Raum herumkriechenden Schlange vorfindet. Es muß extra betont werden, daß Menschen, die Gifttiere zusammen mit Kindern im gleichen Haus halten, vorsichtig ausgedrückt, sehr leichtsinnig sind.

Terrarienabdeckungen

Für Abdeckungen gibt es eine ganze Reihe von Designs. Am geeignetsten sind offensichtlich solche, die eine ausreichende

Eine Abdeckung aus Metallgaze kann für eine vorübergehende Unterbringung gut genug sein, aber auf lange Sicht sollten Giftschlangen in einem viel "dichter" geschlossenen Terrarium gehalten werden.
Foto Dr. Fredric L. FRYE .

Belüftung gewährleisten, ohne dem Tier die Möglichkeit zu geben, die Giftzähne hindurchzustecken oder durch die Öffnungen Gift zu verspritzen.

Gazeabdeckungen, besonders bei festerem Material, sind meistens ausreichend. Es ist ratsam, Metallgaze mit drei Millimetern Maschenweite zu verwenden. Sie mag etwas schwieriger erhältlich und auch etwas teurer sein, ist aber die perfekte Maschenweite. Einfach ist eine stabile Holzabdeckung zu bauen, etwa sechs Lüftungslöcher mit einem Durchmesser von 25 mm hineinzubohren und diese von beiden Seiten (!) mit fester Metallgaze zu verschließen.

In jedem Fall, egal ob man nun eine Abdeckung kauft oder eine selbst baut, ist es wichtig, daß sie das Behältnis absolut sicher verschließt. Viele Pfleger scheinen das außerordentliche Geschick der Schlange zu vergessen, aus angeblich ausbruchsicheren Behältnissen zu entweichen.

Für die Sicherung der Abdeckung stehen verschiedene Möglichkeiten zur Auswahl - beispielsweise metallene Bügelverschlüsse, die paarweise in Eisenwarenläden oder Baumärkten gekauft werden können.

Es muß auch beachtet werden, daß die Gesetzgebung in manchen Fällen nicht nur vorschreibt, daß die Terrarien für Giftschlangen abgeschlossen sein müssen, sondern auch der Schlangenraum selbst abschließbar und die Tür mit deutlichen Hinweisen auf den Inhalt des Raumes versehen sein muß.

Terrarieneinrichtungen und Sicherungskisten

Wie die meisten Terrarianer aus eigener Erfahrung wissen, erfordert ein ansprechend gestaltetes Terrarium etwas an Arbeitsaufwand, um es ständig gut aussehen zu lassen - und wer möchte schon seine Hand in ein Klapperschlangen-Terrarium stecken, nur um einen Ast wieder in seine richtige Position zu rücken?

Deshalb schlägt der Autor vor, mit einem Minimum an Dekorationsgegenständen zu arbeiten. Bei der Giftschlangenpflege muß die Reinigung des Terrariums so schnell und problemlos wie möglich durchführbar sein. Für diesen Zweck eignen sich Papiertücher (weich und unbedruckt) am besten. Sie sind billig, leicht auswechselbar, einfach in der Handhabung und bieten der Schlange jederzeit einen risikolosen und sauberen Untergrund. Sie machen die ständige Furcht vor Milbenbefall, Bakterienbrutstätten usw., wie sie mit anderen Substraten einhergehen, weitgehend überflüssig. Sicher kann man auch an solche

Ein in den USA häufig benutzter Terrarientyp mit Schiebescheiben als Vorderfront. Diese Terrarien sind speziell für Giftschlangenarten recht gut geeignet, da sie nur eine Belüftungsfläche (oben) und an jeder Seite der Plastikfront nur ein kleines Loch zum Durchschieben eines Verschlusses haben. Foto: William B. ALLEN, jr.

Arten gelangen, deren Substratansprüche so speziell sind, daß man Papiertücher nicht verwenden kann.

Ein anderer notwendiger Gegenstand ist ein Wassergefäß, das nicht umkippen kann. Vorsicht ist bei solchen mit Hohlbö-

Verfügt man über etwas handwerkliches Geschick, kann man seine Terrarien selbst bauen. Dieses Terrarium ist für Giftschlangen geeignet, vorausgesetzt, die Frontscheiben können verriegelt werden. Foto: Susan C. und Hugh MILLER.

Wenn man keine Sicherungskiste direkt im Terrarium haben will, muß man die Schlange in eine externe "geleiten". Foto: Jim MERLI.

den geboten. Schon oft haben Pfleger eine Überraschung erlebt, wenn sie einen derartigen Wasserbehälter anhoben und darunter eine kleine Schlange versteckt fanden. Kletteräste sollten nicht nur im Falle von arborikolen Schlangen angeboten werden. Das erfordert natürlich höhere Terrarien. Ebenfalls sollte ein Stein oder Felsbrocken mit rauher Oberfläche als Häutungshilfe nicht vergessen werden. Auch hier empfiehlt sich Vorsicht vor ggf. darunter versteckten Tieren.

Zum Schluß noch das wichtigste Teil im Terrarium, die Sicherungskiste als Weiterentwicklung der herkömmlichen Versteckkiste für harmlose Arten. Wenn man über die Tatsache nachdenkt, daß jedes Tier, egal welcher Art, von Zeit zu Zeit seiner Behausung entnommen werden muß, wird die Notwendigkeit einer zu diesem Zweck sicheren Methode deutlich. Natürlich sind dabei die Sicherheitserfordernisse bei Giftschlangen höher. Deshalb soll hier eine Methode vorgestellt werden, die sich seit langer Zeit bewährt hat und so sicher ist, wie es in einer solchen Situation nur sein kann.

Nach Meinung des Autoren ist es besser, die Sicherungskiste direkt im Terrarium zu plazieren, wodurch die Unfallgefahr eingeschränkt wird. Foto: Jim MERLI.

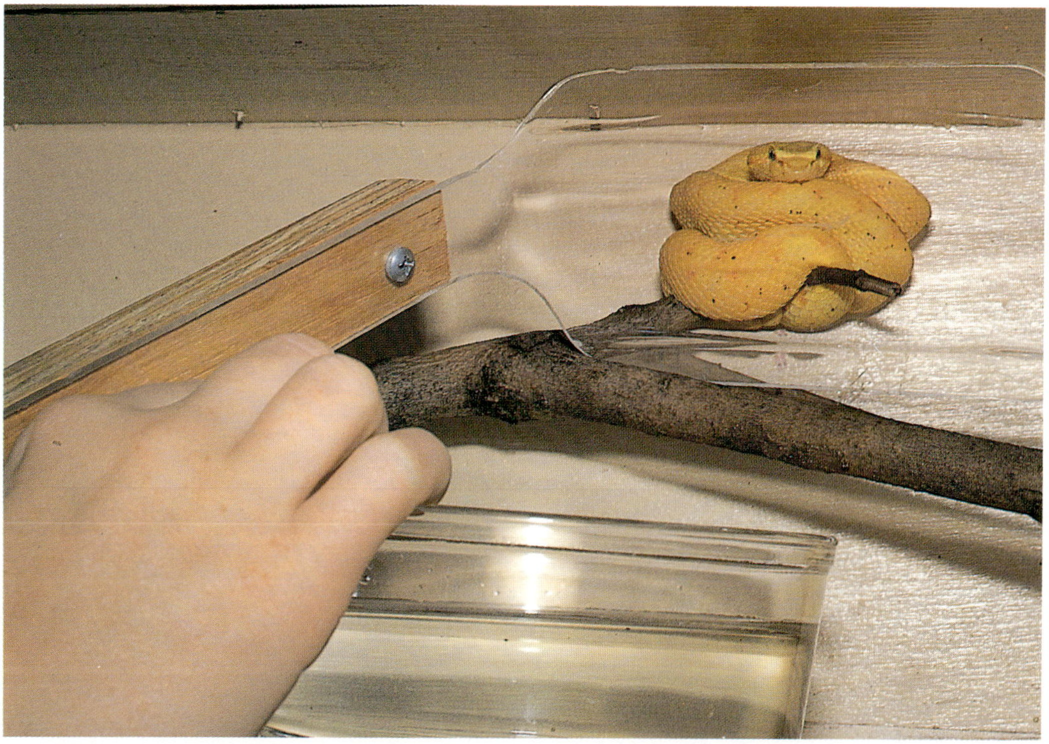

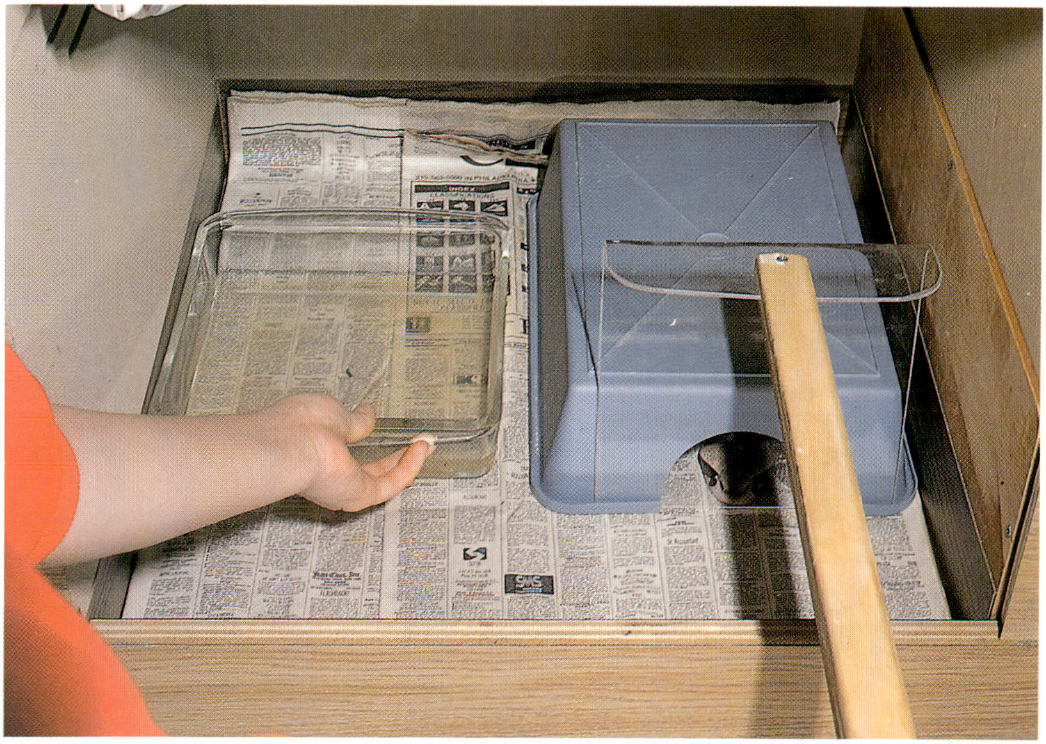

Der Gebrauch eines durchsichtigen Plastikschildes ist eine akzeptable Methode, um eine Giftschlange unter Kontrolle zu halten, während ihr Wassernapf zum Reinigen entnommen wird. Fotos von Jim MERLI.

Die Grundidee der Sicherungskiste ist recht einfach: eine Versteckkiste mit einem Eingang, der von außen verschlossen werden kann, so daß die darin eingesperrte Schlange keinesfalls Kontakt mit der Außenwelt haben kann.

Da ich keine kommerziell erhältliche Kiste dieser Art kenne, ist es unumgänglich, sie selbst zu bauen. Etwas Holz, einige einfache Werkzeuge und ein wenig handwerkliches Geschick genügen. Die erforderliche Größe und Form des Behälters variiert von einer Schlangenart zur anderen wie auch von Terrarianer zu Terrarianer. Die Kiste muß stabil sein, darf keinerlei andere Öffnungen haben, und was das Wichtigste ist, der Verschluß muß absolut zuverlässig sein.

Beleuchtung

Terrarianer, die in der Pflege von Echsen und Schildkröten versiert sind, werden mit den Grundlagen der für Amphibien und Reptilien geeigneten Beleuchtung bei Terrarien vertraut sein. Die Theorie besagt, daß Echsen und Schildkröten eine Tageslichtbeleuchtung als Ersatz für das natürliche Sonnenlicht für ihr Gedeihen benötigen, was andererseits für Schlangen nicht generell erforderlich ist. Wie dem auch sei, es sollte hier erwähnt werden, daß für die Vermehrung von Gift- und anderen Schlangen ausschließlich Lampen mit Tageslichtspektrum eingesetzt werden sollten. Extra für diesen Zweck entwickelte Lampen können in guten Zoofachhandlungen erworben werden und sind zu empfehlen.

Die zweite Funktion der Beleuchtung ist die Schaffung einer geregelten Photoperiode, womit jener Wechsel zwischen Tag und Nacht gemeint ist, dem das Tier auch in der Natur ausgesetzt ist. Wenngleich scheinbar nebensächlich, so gibt doch die Photoperiode zusammen mit Temperaturen der Schlange Informationen darüber, welche Jahreszeit gerade herrscht, was natürlich das allgemeine Verhalten beeinflußt.

Grundlegend ist es immer am besten, die Photoperiode im Terrarium an die im natürlichen Lebensraum herrschende anzupassen. Pflegt man also eine Waldklapperschlange (*Crotalus horridus*), und es wäre Mitte des Sommers, würde man eine Beleuchtungsdauer von zwölf bis fünfzehn Stunden pro Tag anbieten. Im Wechsel der Jahreszeit würden die Tage kürzer. Wenn man diesem Rhythmus keine Aufmerksamkeit schenkt, kann es unter Umständen niemals zur Nachzucht kommt.

Heizung

Da Giftschlangen zu den wechselwarmen Tieren gehören, sind sie auf Wärmequellen in ihrer Umgebung angewiesen. Im

Bei einigen der großen Giftschlangen wie der Kettenviper (Vipera(Daboia)russelli) muß man berücksichtigen, daß nur ausreichend starkes Glas verwendet werden darf.
Foto: Ron EVERHART.

Terrarium muß folglich der Pfleger für eine solche Wärmequelle sorgen.

Ein Mittel zu diesem Zweck ist die Verwendung eines elektrisch beheizten künstlichen Steines. Das ist ein mehr oder weniger kleiner, käuflich zu erwerbender Heizer, der wie ein ganz gewöhnlicher Stein aussieht, aber mit einem Kabelanschluß für eine normale Steckdose versehen ist und Oberflächentemperaturen von 30 bis 33° C erreichen kann. Die Schlange kann ihn in Anspruch nehmen, wann immer sie dies möchte. Von Nachteil ist, daß das Terrarium selbst oder die Abdeckung einen Durchlaß haben muß, um ihn an das Stromnetz anschließen zu können.

Eine Alternative ist der Einsatz von lokal begrenzten Wärmestrahlern oder Heizlampen. Beide können ebenfalls bei Bedarf genutzt werden, aber auch hier müssen Anschlüsse verlegt werden, wenn die Lampe direkt im Terrarium installiert wird. Hier kommt aber Strahlungswärme von oben.

Der wahrscheinlich wirkungsvollste Weg zur Wärmeerzeugung ohne Beeinflussung der Sicherheit ist, das Betreiben einer kleinen thermostatgesteuerten Bodenheizung unter dem Terrarienboden. Heute sind viele Geräte mit eingebauten Reglern erhältlich. Einige davon sind wirklich preiswert.

Feuchtigkeit

Der letzte hier zu nennende Klimaanspruch betrifft die Luftfeuchtigkeit. Auch hier sei auf die Bedingungen im natürlichen Lebensraum des entsprechenden Tieres verwiesen. Man kann Luftfeuchtigkeit zwar auf vielerlei Art erzeugen, aber die einfachste Methode ist immer noch das regelmäßige Benebeln des Terrariums. Das kann auf sichere Weise durch Sprühen durch die Lüftungslöcher geschehen, wobei die Schlange selbst nicht direkt angesprüht werden sollte. Bei gut temperiertem Wasser wird das Tier zwar nicht geschädigt, wird ihm aber plötzlich Wasser direkt ins Gesicht gespritzt, kann es zu ebenso unerwarteten wie heftigen Reaktionen kommen.

Terrarienhygiene

Kommen wir nun zur Reinigung von Terrarien. Nehmen wir als Beispiel den Fall, daß die Schlange sich gerade in ihrer Siche-

Milchige Augen sind ein Zeichen dafür, daß die Schlange sich häuten will und deshalb Handhabungen jeder Art nicht besonders freundlich begegnen wird.
Foto einer Crotalus adamanteus von Jim MERLI.

rungskiste befindet und diese nun sicher verschlossen ist. Man entnimmt die Kiste dem Terrarium und stellt sie zur absoluten Sicherheit in einen anderen, ebenfalls verschließbaren Behälter, beispielsweise einen Eimer mit Schnappdeckel .

Nun, da das Tier gut und sicher untergebracht ist, kann das Terrarium wie jedes andere gereinigt werden. Eine ebenso einfache wie erprobte Methode dafür ist die folgende:

1. Man entfernt alle Gegenstände aus dem Behälter, reinigt sie mit warmem Seifenwasser (Spülmittel ist mild genug, laugenhaltige Seifen sind recht gefährlich) unter Zusatz eines Desinfektionsmittels in der vorgeschriebenen Konzentration und spült sie dann mit kaltem Wasser gründlich ab.

2. Das Terrarium wird etwa bis zu einem Drittel mit der gleichen Reinigungslösung gefüllt, gründlich und besonders in den Ecken ausgewaschen und dann ebenfalls mit kaltem Wasser sorgfältig ausgespült.

3. Dann werden alle Einrichtungsgegenstände und die Sicherungskiste wieder an ihre Plätze gestellt und die Kiste entsichert, so daß der "Gefangene" wieder herauskommen kann.

Das ist eine Vorgehensweise, die nicht nur einfach, sondern auch wirksam gegen Bakterien ist. Eine gründliche Reinigung dieser Art kann alle zwei Wochen, besser aber einmal wöchentlich durchgeführt werden.

Links: Wenn es auch das Beste ist, die Terrarieneinrichtung auf ein Minimum zu beschränken, benötigen Arborikole Arten, wie dieser Atheris squamiger , wenigstens einen großen verzweigten Ast zum Klettern.
Foto: A. VAN DEN NIEUWENHUIZEN

Beim genaueren Hinsehen kann man feststellen, daß der Boden des Terrariums dieser Greifschwanzlanzenotter (Bothrops schlegeli) einfach mit Zeitungspapier ausgelegt ist. Das ist ein möglicher Bodengrund für die Giftschlangenpflege.
Foto: J.T. KELLNHAUSER.

Ernährung von Giftschlangen

Frösche sind ein kleiner, aber bedeutsamer Bestandteil in der natürlichen Ernährung vieler Giftschlangen. Naja sp. beim Fressen eines Frosches. Foto: A. VAN DEN NIEUWENHUIZEN.

In diesem Kapitel werden wir uns mit Gesichtspunkten der Fütterung von Giftschlangen beschäftigen. So lange sich der Pfleger an die Grundregeln hält, sollte er damit keine Probleme haben. Jedes Detail, von der Tageszeit bis zur Größe der Futterportion, kann aber einen bemerkenswerten Einfluß auf das Freßverhalten einer Schlange haben. Einige fressen natürlich wie Mastschweine und konsumieren alles, was sich bewegt. Sie sind natürlicherweise die idealen Terrarientiere. Es gibt aber auch andere, die Schwierigkeiten verursachen. Bis zum Ende dieses Kapitels werden Sie hoffentlich gelernt haben, mit beiden Situationen fertigzuwerden.

Futtertiere

Mäuse

Das wahrscheinlich am häufigsten verwendete Futtertier in der Schlangenernährung ist die Maus. Größere Schlangen fressen vielfach generell Säugetiere.

Mäuse haben eine bemerkenswerte Vermehrungsrate. Die Tragzeit eines gesunden ausgewachsenen Weibchens beträgt nur rund 21 Tage, was heißt, daß sie schnell zu vermehren sind.

Wenn man sich selbst mit der Mäusezucht beschäftigen möchte, muß man zuerst einen akzeptablen Platz dafür finden. Dieser sollte unbedingt über eine gute Be- und Entlüftung ver-

Echsen sind ein sehr beliebtes natürliches Futter bei Giftschlangen.
Foto einer Telescopus semiannulatus von H. NICOLAY.

fügen, denn Mäuse neigen zur Bildung von Gerüchen. Ein abgeschlossener Kellerraum mit einem Fenster oder auch eine Garage eignen sich sehr gut, wenn immer eine ausreichende Temperatur garantiert ist.

Dann muß für eine passende Unterbringung gesorgt werden. Da Mäuse in Gruppen von einem Männchen mit drei bis fünf Weibchen zusammengehalten werden können, ist die beste Lösung der Gebrauch eines 50 l Aquariums oder eines ähnlichen Behälters.

Ein hervorragendes Substrat für den Mäusekäfig sind grobe Sägespäne oder Hobelspäne. Späne aus Kiefernholz sind wahrscheinlich die Besten. Wie alle Lebewesen benötigen auch Mäuse Wasser. Dafür bietet man eine große Flasche mit einer Saugspitze als Spender an. Das vermindert die Möglichkeit des Tropfens, wodurch das Substrat durchnäßt wird und was die Mäuse häufig veranlaßt, ihre Jungen zu fressen. Die Flasche muß ständig wenigstens zur Hälfte gefüllt sein; eine leere Flasche führt zu Todesfällen, da durstige Mäuse anscheinend sehr gewalttätig werden. Als Futter nehmen Mäuse gerne ganz normales, überall erhältliches Vogelfutter, das mit einem vitaminreichen Hunde-Trockenfutter vermischt wird. Der Autor hat mit dieser simplen zweiteiligen Diät Mäuse gezüchtet und niemals Probleme mit Wachstum oder Vermehrung beobachtet. Es gibt aber auch spezielle Mäuse-Ratten-Pellets zu kaufen.

Einige Mäusezüchter glauben, daß die Mutter umgehend nach der Geburt zusammen mit dem Wurf separiert werden muß. Das bezieht sich auf die Annahme, daß sämtliche Jungtiere getötet werden, wenn man sie in der Gesellschaft anderer Alttiere beläßt. Man kann das natürlich tun. Die Jungen sind jedoch sicher genug, wenn der Behälter sauber gehalten wird und nicht überbesetzt ist. Natürlich besteht immer das Risiko, hier und da einige Jungtiere zu verlieren, aber das Ziel ist, diese Verluste so niedrig wie möglich zu halten.

Da Hygiene bei der Mäusezucht so sehr wichtig für erfolgreiche Vermehrung und Aufzucht ist, sollten alle Behälter ausnahmslos regelmäßig wöchentlich gewissenhaft gereinigt werden. Warmes Seifenwasser, ein Desinfektionsmittel und das Ausspülen mit kaltem Wasser haben sich auch hier als perfekte Methode erwiesen.

Wenn die Mäuse heranwachsen, können sie etwa eine Woche nach dem Entwöhnen von den anderen getrennt und in ihre eigenen Gruppenkäfige umgesetzt werden. Die Zuchtweibchen sollten etwa alle sechs Monate durch neue ersetzt werden, da sie nach dieser Zeit nicht mehr so produktiv sind. Diese Vorgehensweise garantiert dem Züchter eine ununterbrochene Futterlieferung.

Wer das Mäusezüchten, aus welchen Gründen auch immer, nicht selbst durchführen kann oder will, kann natürlich seine benötigten Futtertiere über einen Futtertierhandel beziehen. Mäuse sind recht billig, sollten in allen Größen verfügbar sein, und Probleme, die ihre Zucht manchmal verursacht, werden dadurch völlig ausgeschlossen.

Einige Pfleger bevorzugen es, ihre Giftschlangen mit vorher abgetöteten oder frisch aufgetauten Mäusen zu füttern. Die Frage ob tot oder lebend ist ein oftmals heiß diskutiertes Thema, besonders im Fall von Tieren, die in der Lage sind, ihre Beute selbst sehr effektiv zu töten. Die Verfütterung lebender Beute entspricht natürlich mehr den Forderungen an eine artgemäße Haltung. Wenn man eine Schlange an tote Mäuse gewöhnen möchte, kann man diese tiefgefroren entweder im Futtertierhandel kaufen oder sie bei einem Futtertierversandunternehmen bestellen. Man kann sie natürlich auch lebend kaufen, selbst töten und einfrieren.

Ratten

Ratten sind als Futtertiere beinahe ebenso beliebt wie Mäuse. Sie sind viel größer, was heißt, wenn man sie selbst züchten möchte, müssen größere Mengen an Futter, Sägespänen und Platz angeboten werden. Nicht zu vergessen ist, daß der Biß einer Ratte um vieles schmerzhafter als der einer Maus ist. Ratten werden am besten tot an Schlangen verfüttert, denn sie können dem Tier schwerere Verletzungen zufügen als eine Maus. Sie riechen auch

völlig anders, weshalb eine mäusefressende Schlange nicht auch unbedingt Ratten fressen muß.

Ratten können ebenfalls in Futtertierhandlungen erworben werden. Will man sie trotzdem züchten, muß man von allen Komponenten der Mäusezucht etwa das Dreifache kalkulieren. Eine Gruppe von einem Männchen und drei Weibchen benötigt mindestens eine Grundfläche von einem Quadratmeter und die dreifache Menge an Futter und Wasser. Die Tragzeit bis zur Geburt der Jungtiere beträgt etwa 22 Tage, also einen Tag mehr als bei Mäusen.

Frösche und Kröten

Amphibien sind bei vielen Giftschlangen ein sehr beliebter Bestandteil ihrer Ernährung. Bei stark aquatischen Arten wie der Wassermokassinschlange (*Agkistrodon piscivorus*) ist das nicht weiter verwunderlich. Es gibt aber auch Berichte über frosch- und/oder krötenfressende Kupferköpfe und verschiedene Ottern. Sind solche Amphibien aus Nachzuchten erhältlich, bieten sie

Mäuse und Ratten sind die am häufigsten angebotenen Futtertiere für sowohl giftige als auch ungiftige Schlangenarten. Sie sind preiswert und leicht in großen Mengen zu züchten. Foto einer Atheris squamiger von A. VAN DEN NIEUWENHUIZEN.

Mäuse und Ratten sind in unterschiedlichen Größen erhältlich, was besonders den Terrarianer freut, der verschieden große Schlangen pflegt.
Foto einer Bitis nasicornis von William B. ALLEN, jr.

Wenn totes Futter angeboten wird, ist es besser, das mit einer Pinzette zu tun. Bothrops schlegeli beim Fressen einer nestjungen Maus.
Foto: Jim MERLI.

Frösche und Kröten werden nur selten als Futtertiere gezüchtet.
Foto einer Nachtotter (*Causus rhombeatus*) von A. VAN DEN NIEUWENHUIZEN.

eine gute Mahlzeit. Sie speziell für diesen Zweck zu züchten, ist jedoch sehr aufwendig. Sind sie nicht einfach zu bekommen, ist es ratsam, nach Alternativen zu suchen. In Deutschland stehen alle einheimischen Frosch- und Schwanzlurche wie auch alle Reptilien unter dem Schutz des Gesetzes.

Andere Schlangen

Es erscheint etwas unglücklich, daß um der Vollständigkeit willen auch eine Bemerkung zum Thema Schlangen als Futtertiere fallen muß. Die Wirklichkeit aber ist, daß Ophiophagie unter Giftschlangen sehr häufig ist.

Königskobras (*Ophiophagus hannah*) als Beiwpiel sind klassische Schlangenfresser, und viele von ihnen befinden sich gerade jetzt in zoologischen Einrichtungen und warten ungeduldig auf ihre nächsten drei bis vier Bullennattern. Die bunten Korallenottern (*Micrurus*-Arten) sind ebenfalls Schlangenfresser. Wenn man unbedingt eine ophiophage Giftschlange halten möchte, hat man nur die Wahl zwischen wenigen Alternativen, die eine gesunde Ernährung gewährleisten.

Theoretisch könnte man natürlich jede Woche eine große Schlange kaufen und verfüttern. Darüber wird sich selbstverständlich der Pflegling freuen, aber es ist eine finanzielle Kata-

Links: Die Zähne dieser solenoglyphen Kettenviper (Vipera (Daboia) ruselli) sind noch nicht ausgeklappt, weil sie noch keinen Kontakt mit der Beute haben.
Foto: A. VAN DEN NIEUWENHUIZEN.
Rechts: Auch Schnecken spielen in der Ernährung einiger Arten eine Rolle. Foto einer völlig harmlosen Sibon nebulata von A. VAN DEN NIEUWENHUIZEN.

strophe für den Pfleger und vermutlich für ihn moralisch nicht vertretbar.

Die benötigten Futterschlangen selbst zu fangen, verbietet sich von vornherein. Letztlich kann man versuchen, seine Schlange auf andere Futtertiere umzugewöhnen. Das erfordert natürlich fast immer den wiederholten Kontakt mit dem Tier und ist somit ein ziemlich zuverlässiger Weg für das Gebissenwerden.

Wie man sehen kann, ist die Haltung von ophiophagen Schlangen recht unsinnig. Viele besonders attraktive Arten gehören zu dieser Kategorie. Wenngleich es Möglichkeiten zur Pflege dieser Arten gibt, so ist der Autor doch unter dem Strich der Meinung, daß man auch auf die Pflege dieser Schlangen verzichten sollte.

Vögel

Letztlich gibt es noch viele Giftschlangen, die Vögel als einen festen Bestandteil ihrer Ernährung betrachten. Die Boomslangs und Mambas fallen einem dabei sofort ein. Es muß nicht extra gesagt werden, daß diese Arten fast ausschließlich arborikol (baumbewohnend) sind und dadurch mit Nestern und dergleichen vertraut sind. Aber die meisten Nagetierfresser akzeptieren auch Vögel. Vögel können auf verschiedene Weise erworben werden, aber die einfachste und empfehlenswerteste ist der Kauf von Eintagsküken bei einem Geflügelzüchter in der Nähe. Manchmal kann man sie auch tiefgefroren bekommen. Erwähnenswert ist, daß einen Tag alte Küken nahrhafter für eine Schlange sind, als solche, die nur zwei Tage älter sind. Der Grund liegt in dem noch sehr hohen Gehalt an Eidotter, das sich noch immer im Kükenkörper befindet und daher beim Fressen von der Schlange aufgenommen wird.

Zwangsfütterung

Manchmal kommt man in die Situation, daß die Zwangsfütterung einer Schlange nicht mehr zu vermeiden ist. Wie mancher bereits erfahren haben wird, ist das schon bei ungiftigen Schlangen schwierig genug. Es muß von Anfang an deutlich

Hier haben die Giftzähne das Beutetier bereits erfaßt und der linke Zahn der Viper "stakt" bereits über die Beute.
Foto: A. VAN DEN NIEUWENHUIZEN.

Ist das Beutetier gesichert, übt das Gift seine zweite Funktion aus und beginnt mit der Auflösung des Gewebes der Ratte. Viele glauben, daß dies die eigentliche Funktion des Giftes ist und das Töten der Beute nur ein Nebeneffekt.
Foto: A. VAN DEN NIEUWENHUIZEN.

gemacht werden, daß das Anfassen von Giftschlangen in jedem Fall sehr unklug ist, selbst wenn es um die Gesundheit des Tieres geht, und konsequenterweise muß davon abgeraten werden. Ein Vorhaben wie das Zwangsfüttern eines Gifttieres sollte daher strikt einem erfahrenen Fachmann überlassen werden, weshalb der Autor es für unnötig hält, durch Nennung weitere Einzelheiten zu einem solch gefährlichen Unternehmen anzuregen.

Fütterungszeiten

Generell bevorzugen alle Schlangen, nicht nur die giftigen, ungestörte Mahlzeiten. Aus diesem Grunde fressen viele von ihnen im Terrarium nur zur gleichen Zeit wie in der Natur. Manche sind dabei nacht- andere tagaktiv. Es ist daher ratsam, sich diese Informationen für die selbst gehaltenen Arten anzueignen und die Fütterungszeiten darauf abzustimmen. Die Futtermengen werden von der Größe und dem geschätzten Alter

Tote Fische werden normalerweise genauso bereitwillig angenommen wie lebende.
Foto einer Homalopsis buccata von A. VAN DEN NIEUWENHUIZEN.

Wenn eine Schlange ein Futtertier zuerst am Kopf packt, so ist das normalerweise günstiger, als wenn sie vom Schwanzende her zu fressen beginnt.
Foto: A. VAN DEN NIEUWENHUIZEN.

Unten: Eine Schlange ist sehr wohl in der Lage, ein Futtertier zu verschlingen, das viel größer als der eigene Kopf ist.
Foto: A. VAN DEN NIEUWENHUIZEN.

Die Zwangsfütterung von Giftschlangen erfordert ein enormes Maß an Konzentration. Im Uhrzeigersinn von links oben: Einführen des Spatels; ihn in seitliche Position bringen; Aufstellen zum Öffnen des Maules; und letztlich, nachdem das Futtertier bis in die Speiseröhre hineingeschoben wurde, sanftes Massieren des Halses, um das Futter weiter abwärts zu bewegen. Fotos einer Boiga dendrophila von S. KOCHETOV.

der Schlange bestimmt. Die Jungtiere der meisten Arten fressen öfter als die Alttiere, weshalb sie möglichst zweimal wöchentlich ein angemessen großes Futtertier bekommen sollten. Wenn sie älter werden, verlängert man die Abstände zunächst auf einmal alle vier Tage, dann alle fünf, und letztlich wird einmal wöchentlich ausreichend sein. Sind die Futterportionen reichlich, ist auch ein vierzehntägiger Rhythmus genug.

Futtergröße

Viele Terrarienbewohner schlingen angebotenes Futter so lange in sich hinein, bis nichts mehr da ist.

Das ist nicht gut. Keine Schlange sollte einen überfüllten Magen haben, denn das kann zu Problemen führen. Eine leicht zu befolgende Regel ist, die Bildung von Beulen am Magen zu verhindern, die mit dem bloßen Auge schon aus 5 Meter Entfernung zu erkennen sind. Man sollte sein eigenes Urteilsvermögen benutzen, um herauszufinden was "zu viel" ist. Ein zu großes Futter kann schlecht verdaut werden und wird unter Umständen nach wenigen Tagen wieder ausgewürgt.

Futterverweigerung

Pflegt man eine Giftschlange, die nicht fressen will, so ist zunächst zu kontrollieren, ob das Tier an Gewicht verliert und ob es anderweitig in schlechtem Gesundheitszustand ist. Viele Giftschlangen durchlaufen eine Periode, die man Ästivation oder Sommerruhe nennt, in der der Körper eine Ruhephase einlegt und gespeicherte Fettreserven aus guten Futterzeiten nutzt.

Vermutet man andere Gründe, kann man eine Reihe von Tricks ausprobieren wie Abdecken des Terrariums, Anheben oder Absenken der Temperatur und/oder Feuchtigkeit, Verändern der Photoperiode, lebendes oder totes Futter, unterschiedliche Futterarten anbieten. Vielleicht hat die Schlange aber doch ein Gesundheitsproblem und benötigt medizinische Versorgung. Dann sollte das betreffende Tier umgehend zu einem spezialisierten Tierarzt gebracht werden.

Nach der Futteraufnahme sollte eine Schlange für mindestens drei Tage völlig in Ruhe gelassen werden, um richtig verdauen zu können. Andernfalls könnte das Futtertier wieder ausgewürgt werden.
Foto: A. VAN DEN NIEUWENHUIZEN

Vermehrung von Giftschlangen

Als Jungtiere sind die meisten Schlangen Abbilder ihrer Eltern, so wie auch diese Schildnasenkobra (Aspidelaps lubricus).
Foto: Jim MERLI.

Da gibt es einen Begriff in der Terraristik, der bereits im Vorwort dieses Buches erwähnt wurde, die "herpetologische Kultur". Übersetzt aus dem amerikanischen "Herpetoculture", ist es ein modernes Synonym für Terrariennachzucht. Die meisten ernsthaften Pfleger von ungiftigen Schlangen wissen, daß Schlangenzucht nicht allzu schwierig ist. Einige Arten könnten in der Tat als regelrecht einfach vermehrbar bezeichnet werden.

Aber trifft das auch auf die Giftschlangen zu? Gibt es da nicht viele grundlegende Unterschiede zwischen der Vermehrung von giftigen und anderen Schlangen? Das ist das Thema, mit dem wir uns nun auseinandersetzen werden.

Vorbereitungen

Hat man sich dazu entschlossen, Giftschlangen zu vermehren, gibt es einige Dinge, die vorher bedacht werden müssen. Die Vermehrung der Arten ist in den wenigsten Fällen eine "Laßt sie uns einfach zusammensetzen und sehen, was passiert"-Situation.

Gesundheitszustand

Zunächst muß man sich selbst fragen "Sind meine Schlangen gesund?" Beginnen wir mit der Lebendmasse. Sehen die Tiere wohlgenährt aus? Ein dünnes, unterernährtes Weibchen wird keine guten Nachzuchten produzieren. Es ist sicherzustellen, daß die beiden zur Fortpflanzung vorgesehenen Schlangen regelmäßig und gut fressen. Der dafür vielleicht wichtigste Grund ist, daß die Tiere vor der Zucht bei niedrigen Temperaturen eingewintert oder zumindest vorübergehend kühl gehalten werden müssen und zu diesem Zweck genügend Fettreserven benötigen.

Dann muß man sich vergewissern, daß die betreffenden Tiere nicht an irgendwelchen Krankheiten oder Gesundheitsstörungen leiden. Diese beeinträchtigen ganz klar auch den Zuchtzyklus. Zunächst muß der gute Gesundheitszustand wieder hergestellt sein, bevor eingewintert wird. Unerfahrene Pfleger denken, daß eine kurze zwangsweise Ruheperiode auch ein Gesundheitsproblem "ausheilen" kann. Das ist jedoch keinesfalls so. Oftmals verschlimmert es den Zustand eher als ihn zu verbessern.

Ein weiterer Faktor ist das Alter der Elterntiere hinsichtlich ihrer Zuchtreife und das Zusammenpassen der beiden Tiere. Die Geschlechtsreife hat grundlegend nichts mit der Größe der Tiere zu tun. Falsch ist es, Jungtiere zu zwingen, viel mehr zu fressen als sie es natürlicherweise tun würden, damit sie schnell "groß genug" werden, um sehr früh züchten zu können. Das Ergeb-

Ein Pärchen Waglers Bambusottern (Trimeresurus wagleri). Sie sind in der spezialisierten Terraristik sehr beliebt.
Foto: A. VAN DEN NIEUWENHUIZEN

Die Gesundheit ist ganz ohne Frage eine der wichtigsten Grundvoraussetzungen, wenn es um die Nachzucht einer jeden Schlange geht. Man beachte wie klar und makellos die Schuppen dieser Leptodeira septentrionalis , einer Trugnatter, besonders um die Augen herum aussehen.
Foto: K.T. NEMURAS.

nis sind nicht mehr Eier oder Jungtiere, sondern nur ein paar gesundheitsgeschädigte Schlangen. Ein gewissenhafter Pfleger wird eine solche Methodik vermeiden.

Ein Altersunterschied zwischen den Elternteilen sollte, wenn er nicht allzu groß ist, keine generellen Probleme aufwerfen. Im Idealfall aber sind die zwei zur Fortpflanzung ausgewählten Schlangen von etwa gleicher Größe - unter Berücksichtigung geschlechtsspezifischer Größenunterschiede - und gleichem Alter.

Geschlechtsdiagnose

Eine Grundüberlegeung ist noch vor Zuchtbeginn erforderlich: die Bestimmung von Männchen und Weibchen. Wenn es sich um Giftschlangen handelt, kann das Herausfinden der wichtigen Antwort auf diese Frage schwierig werden.

Bei ungiftigen Arten wird häufig ein langes dünnes Instrument mit runder Spitze verwendet, eine Sonde. Diese wird seitlich nach hinten in die Kloake eingeführt und gleitet beim Männchen in eine dahinterliegende kleine Tasche, einen eingezogenen Hemipenis. Die Sonde läßt sich dabei über eine Länge von drei bis fünf Unterschwanzschuppen einführen. Trifft sie bereits weit vorn auf einen Widerstand, ist es ein Weibchen.

Bei Giftschlangen ist es das beste, eine solche Untersuchung von einem versierten Experten durchführen zu lassen, denn es besteht definitiv ein hohes Risiko für einen Bißunfall.

Es gibt noch einige andere Möglichkeiten, um sich eine Meinung über das Geschlecht einer Schlange zu bilden. Die gebräuchlichste ist dabei die Unterscheidung anhand der Länge des Schwanzes und der Form des Schwanzansatzes. So verjüngt sich der Schwanz beim Männchen nicht so deutlich flaschenhalsartig. Bei Weibchen verschmälert sich der Schwanz beidseitig ziemlich abrupt direkt hinter der Schwanzwurzel.

Anregung der Sexualhormone (Überwinterung und Regen/Trockenperioden)

Wahrscheinlich ist das der entscheidenste natürliche Prozeß, den man für eine erfolgreiche Vermehrung simulieren muß. Arten aus nicht tropischen und auch subtropischen Klimaten müssen nicht im herkömmlichen Sinne überwintert werden. Winterruhe ist eine Periode erzwungener Ruhe bei niedrigen Temperaturen, die Schlangen aus gemäßigten Zonen durchmachen müssen, damit ihr Hormonhaushalt angeregt wird. Bei Arten aus warmen Zonen wird diese Anregung durch den Wechsel von Regen- und Trockenzeiten ausgelöst.

Voraussetzung für eine korrekt simulierte Winterruhe sind möglichst viele Informationen über die natürlichen Überwinterungsbedingungen der betreffenden Schlangen. Das ist insofern wichtig, da einige Schlangen nur eine Winterruhe von wenigen Wochen, andere aber von mehreren Monaten benötigen. Während manche bei sehr niedrigen Temperaturen überwintern, benötigen andere eher milde, nur leicht herabgesetzte Werte.

Eine ebenso wirkungsvolle wie häufig angewandte Methode ist, einen kühlen Platz für das Terrarium der Tiere in der Wohnung oder im Haus zu finden und ihnen einen kleinen Wassernapf und lockeren Bodengrund zur Verfügung zu stellen. Ein thermostatgesteuerter Heizer verhindert ein zu starkes Abfallen der Temperaturen. Nicht täuschen lassen darf man sich von der scheinbaren Trägheit der Schlangen - sie können nach wie vor nicht gefahrlos angefaßt werden. Man sollte sich regelmäßig davon überzeugen, daß sie noch am Leben sind, es ihnen gut geht und der Wassernapf mindestens zu einem Drittel gefüllt ist. Für die meisten Arten der gemäßigten Zonen dürften ein bis drei Monate ausreichend sein.

Nun zu den Arten, die in den warmen Zonen der Welt beheimatet sind. Eine erfolgreiche Stimulation der Paarungsbereitschaft hängt zum größten Teil, wenn nicht sogar ausschließlich, von der Nachahmung der Veränderungen in ihrem natürlichen Habitat ab. In den meisten Fällen läßt sich der Wechsel von Regen- und Trockenzeiten so definieren: ein Zyklus mit einer trockenen und kühleren Klimaperiode, in der die Tiere "ruhen" - obwohl sie trotzdem fressen - und einer Zeitspanne mit höhe-

Der Allgemeinzustand ist ein wichtiger Faktor bei der Auswahl von Zuchtschlangen. Solche, die unterernährt aussehen, werden sich kaum vermehren.
Foto einer Atheris squamiger von Jim MERLI.

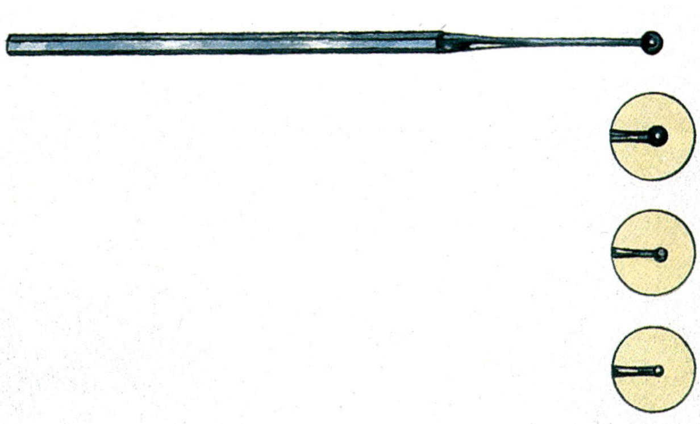

Sonden zur Geschlechtsdiagnose. Drei verschiedene Größen sind ausreichend. Zeichnung von Larry NELSON.

Feuchtes Sphagnum in einer Plastikschale ist zur Inkubation von Schlangeneiern gut geeignet. Gezeigt werden hier die Eier der Aspidelaps lubricus.
Foto: Jim MERLI.

Schlüpfende Hornvipern (Cerastes cerastes). Bereits in diesem Alter muß eine Giftschlange als gefährlich betrachtet werden.
Foto: K.H. SWITAK.

rer Temperatur und Luftfeuchte, die Regenzeit, welche den Tieren signalisiert, daß jetzt Paarungszeit ist.

Wenn man versucht, diesen Zyklus zu simulieren, darf man nicht vergessen, daß die Trockenzeit keine so erhebliche Absenkung der Temperatur bedeutet, wie es in den gemäßigten Zonen der Fall ist. 16° bis 18°C sind mit Sicherheit kalt genug und niedrigere Temperaturen könnten viele der tropischen Arten umbringen. Wie bereits gesagt, kann während dieser Zeit sogar gefüttert werden, natürlich in kleineren Mengen.

Nach etwa drei Monaten, wird die Temperatur langsam wieder auf 27° bis 31°C angehoben, und durch ausgiebiges regelmäßiges Benebeln wird die Regenzeit simuliert. Beide Komponenten zeigen den Tieren an, daß die Ruhezeit vorbei ist und die Paarungszeit begonnen hat.

Der Fortpflanzungsprozeß

Nachdem die Tiere aus ihrer Ruhephase langsam und ohne durch schnelles Überführen in eine warme Umgebung geschockt zu werden, erweckt worden sind, sollten Männchen und Weibchen vorübergehend getrennt werden. Sie benötigen weitere ein bis zwei Wochen zur völligen Akklimatisierung und Häutung. Der normale Fütterungsrhythmus wird wieder aufgenommen .

Dann wird das Weibchen in das Terrarium des Männchens überführt, und man wartet ab. Eine Kopulation muß nicht sofort stattfinden, kommt es aber schließlich dazu, kann sie zwischen 15 Minuten und mehreren Stunden dauern. Man darf nicht vergessen, daß viele Giftschlangen sich in der Natur nur jedes zweite Jahr paaren, so daß Grundkenntnisse über die betreffende Art auch hier erforderlich sind. Folglich muß man sich nicht wundern, wenn sich die Partner in einem Jahr völlig ignorieren und im nächsten sich sehr füreinander interessieren.

Nach einer Paarung kann man das Pärchen über den Zeitraum der nächsten drei Wochen immer wieder zusammensetzen, um eine Befruchtung des Weibchens zu sichern. Es hilft natürlich alles nichts, wenn ein Partner steril ist. Allen Erfordernissen des Weibchens muß nun Rechnung getragen werden. Temperatur, Sauberkeit und Ruhe sind die wichtigsten Voraussetzungen zur Pflege einer trächtigen Schlange. Streß kann leicht die Aussicht auf eine erfolgreiche Nachzucht zerstören,

Bei jedem Zeitigungssubstrat ist es angeraten, die Eier nicht völlig damit zu bedecken.
Foto: Jim MERLI.

Oben und gegenüberliegende Seite: Die faszinierende Geburt eines Kupferkopfes (Agkistrodon contortrix). Man beachte die milchige Membran, in die das Jungtier eingeschlossen ist. Die kleine Schlange befreit sich daraus meistens sofort. Fotos von R.T. ZAPPALORTI.

weshalb man den Haltungsansprüchen bestmöglich entsprechen sollte. Ist das Muttertier ovipar (eierlegend), wird unbedingt eine Eiablagekiste mit etwas feuchtem Vermiculit benötigt. Ist die Schlange viviovipar (eilebendgebärend), braucht sie einen ruhigen dunklen Platz für die Geburt.

Nach Meinung des Verfassers ist Vermiculit das zuverlässigste Substrat zur Eizeitigung. Eine Plastikschachtel mit einer etwa 4 cm dicken Lage granulärem feuchtem Vermiculit ist ausreichend. Vermicult ist in vielen Gartenbedarfshandlungen erhältlich. Die Eier müssen warmgehalten und dürfen nicht gedreht werden; sie sollten in genau der Position in den Brutbehälter gelangen, in der sie gelegt wurden. Das ist insofern wichtig, weil in einem umgedrehten Ei das Dotter auf den sich entwickelnden Embryo fällt und dieser dadurch geschädigt wird.

Wenn die Jungtiere mit dem Schlupf beginnen, hängt mitunter noch ein kleiner Rest des Dottersacks am Schlüpfling. Manche Pfleger glauben, er müßte sofort entfernt werden. Das ist nicht korrekt. Der selbständige Aufnahmeprozeß des Dotters durch das Jungtier sollte nicht unterbrochen werden. Das gleiche gilt für die Nabelschnur einer lebend geborenen Schlange - die Natur regelt das. Man denke daran, daß eine neugeborene Giftschlange bereits genauso gefährlich sein kann wie ihre Eltern, unabhängig von der geringeren Größe.

Abschließend darf nicht unerwähnt bleiben, daß Jung-

schlangen manchmal unwillige Fresser sind und es Probleme geben kann, sie an das erste Futter zu bekommen. Dann heißt es, Geduld bewahren. Wenn man meint, man kann sie nicht zum eigenständigen Fressen bewegen nachdem man eine Vielzahl bekannter Futterarten erfolglos angeboten hat, muß man die Entscheidung treffen, das Tier an einen erfahreneren Terrarianer oder einen Zoo weiterzugeben oder einen Experten eine Zwangsfütterung durchführen zu lassen. Man sollte sich an der letztgenannten Möglichkeit niemals selbst versuchen, wenn man nicht bereits über die nötige Erfahrung verfügt.

Man beachte den kräftig gelben Schwanz dieser Mexikanischen Wassermokassinschlange (Agkistrodon bilineatus taylori). Die jungen Agkistrodon benutzen diese Eigenheit zum Anlocken von Beute. Foto: M.J. COX.

Gesundheitsprobleme und Krankheiten

Man beachte die häßliche Wunde auf dem Rücken dieser Viper und die Salbe, die gerade aufgetragen wird. Eine solche Arbeit an einer Giftschlange kann sehr gefährlich sein und sollte nur von einem Fachmann ausgeführt werden.
Foto: S. KOCHETOV.

Mit dem Thema Krankheiten und Gesundheitsprobleme soll dem Leser Grundwissen eröffnet werden. Vielleicht finden die Informationen in der Zukunft auch praktische Anwendung.

Viele der angeführten Erkrankungen mögen denen sehr ähnlich scheinen, mit denen Sie bereits durch die Haltung von ungiftigen Arten vertraut sind. Die Frage der Gesundheit für giftige Schlangen ist keine wesentlich andere als für ungiftige. Lassen Sie mich betonen, daß einige Seiten über Giftschlangenerkrankungen in keinster Weise bedeuten, daß der Autor damit den Leser zum Betreiben einer Heimtierpraxis ermuntern möchte. Tatsächlich darf eine erkrankte Giftschlange, auch wenn es um ihr Leben geht, in keinem Fall von jemand anderem als einem qualifizierten Fachmann behandelt werden.

Vorbeugende Maßnahmen

Wie wir bereits wissen, sollte niemand außer einem erfahrenen Tierarzt jemals eine kranke Giftschlange anfassen. Aber heißt das, man kann auch nichts zur Erhaltung ihrer Gesundheit tun? Natürlich nicht. Tatsächlich ist der Pfleger in erster Linie der einzige wirklich wichtige Faktor für die Gesundheit der Schlange. Die Frage ist nicht, wie ein Tier zu behandeln ist, wenn es erkrankt, sondern wie man Krankheiten von vornherein verhindert. Man erinnere sich an die goldene Regel der Terrarienhaltung: wenn ein Reptil oder ein Amphibium erst einmal selbständig frißt, obliegt alles weitere der Verantwortung des Pflegers.

Die Schlüssel zu vorbeugenden Maßnahmen sind Zeit, Geduld und Aufmerksamkeit. Dies sind die drei Grunderfordernisse für eine gute Haltung und damit auch Synonyme für wirksam vorbeugende Medizin.

Zur Sauberkeit: Als kompetenter Terrarianer sollte man einen vernünftigen Reinigungsplan entwerfen und sich auch an ihn halten. Als nächstes ein Plan für die Fütterungen, der ebenfalls eingehalten werden sollte. Sicher hängt der Erfolg hierbei viel von der Freßwilligkeit der Schlange ab, aber handelt es sich um den hungrigen wilden Typ, gibt es keine Entschuldigung dafür, nicht zu füttern.

Letztlich muß alles getan werden, um den Streßpegel für die Schlange so niedrig wie möglich zu halten. Da Reptilien und Amphibien keine Haustiere sind, sind sie deutlich streßanfälli-

Schlangen so gesund wie diese Braune Bambusotter (Trimeresurus puniceus) zu halten, ist der beste Weg zur Vermeidung von Krankheiten.
Foto: W. WUSTER.

ger als die Hunde oder Katzen. Laute Geräusche, viele Menschen, eine nicht artgerechte Umgebung - all diese Dinge und viele andere verursachen Streß. Eine gestreßte Schlange zeigt dies durch plötzliches Fasten oder erhöhte Nervosität an. Achten Sie auf diese Zeichen und reagieren Sie darauf.

Krankheiten

Nun werden wir uns mit einigen der wichtigsten Erkrankungen beschäftigen, denen Giftschlangen im Terrarium zum Opfer fallen können. Wie bereits betont, werden aus augenscheinlichen Gründen keine Angaben zur Behandlung gemacht, zumindest nicht in den Fällen, wo direkter Körperkontakt erforderlich wird.

Der Fer-de-Lance-Virus

Beschreibung: Virusinfektion, die das Atmungssystem bei vielen Arten der Bothrops-Gruppe angreift, in den häufigsten Fällen mit unheilbarem Ausgang. Hochgradig ansteckend bei jeder Form von Kontakt mit anderen Schlangen. Meistens befinden sich die Erreger in der Luft oder in schmutzigen Wassergefäßen. Tests haben ergeben, daß ebenfalls einige *Elaphe-*, *Dendroaspis-* und *Spilotes-* Arten Träger sind, was vermuten läßt, daß möglicherweise alle Schlangen unter dafür günstigen Bedingungen infiziert werden können. Der Virus wurde erstmals 1976 in der Schweiz beschrieben. Den wissenschaftlichen Berichten nach stammt der Originalvirus von einer Westlichen Diamantklapperschlange (*Crotalus atrox*). Es handelt sich um einen Paramyxovirus (PMV).

Symptome: Klinische Anzeichen dauern normalerweise 5 bis12 Tage und bestehen aus vier Grundstadien. In Stadium 1 zeigt die Schlange einen Abbau der Muskulatur und liegt in lang ausgestreckter Position mit leicht angehobenem Kopf. Im 2. Stadium bewegt sich die Schlange ruhelos mit teilweise geöffnetem Maul durch das Terrarium. Die Zunge ist nicht völlig eingezogen. Die Pupillen erweitern sich. In Stadium 3, welches nicht mehr als einen Tag vor dem Ableben des Opfers liegt, ist das Maul schon weiter geöffnet; Eiter tritt aus der Stimmritze aus. Schließlich, in Stadium 4, welches nur Minuten bis zu einer Stunde vor dem Tod liegt, ist das Maul weit aufgerissen, das Tier ist hyperaktiv, und die Pupillen sind weit.

Maßnahmen: Wird vermutet, daß ein Tier des Bestandes von dieser Krankheit befallen ist, muß die betreffende Schlange in Quarantäne gebracht und ein Tierarzt für weitere Anweisungen aufgesucht werden. Zur Zeit ist noch keine wirksame Behandlung bekannt.

Atemwegs-/Lungenentzündung

Beschreibung: Eine bakterielle Infektion der Lunge, normalerweise ausgelöst durch kalte Zugluft, gefördert durch unzureichende Überwachung der Temperaturen durch den Pfleger. Streß ist ebenfalls ein bedeutender Faktor in der Entwicklung dieser Infektionskrankheit.

Symptome: Gelegentliches Schnaufen, Schleimabsonderung aus Maul und Nase und häufig Futterverweigerung.

Maßnahmen: Anheben der Temperatur auf die empfohlene Höhe, Eliminierung aller Zugluftmöglichkeiten (offene Fenster, Türen usw.) und einen Tierarzt konsultieren.

Infektiöse Stomatitis (Maulfäule)

Beschreibung: Eine bakterielle Infektion einhergehend mit einem erheblichen Mangel an Vitamin A und C. Das Gewebe des Kieferbereichs wird aufgeweicht, das Tier verliert seine Zähne. Das Fressen ist äußerst schmerzhaft. Kann sich in den Hals hinein ausweiten und bis in den Verdauungstrakt gelangen. Im fortgeschrittenen Stadium sehr gefährlich. Sollte daher umgehend behandelt werden.

Symptome: Die Schlange bewegt sich mit leicht geöffnetem Maul, ein Erweichen des Zahnfleisches wird sichtbar. Die befallenen Stellen werden unter Anschwellen der umgebenden Membranen weiß und manchmal käsig.

Maßnahme: Der Patient muß in einem warmen, sehr sauberen Terrarium untergebracht und einem Tierarzt vorgestellt werden.

Salmonellen

Beschreibung: Ebenfalls eine bakterielle Infektion, die den Verdauungstrakt befällt. Kann auf andere Terrarieninsassen übergehen, führt gelegentlich zum Tode und soll auch Menschen - durch Kontakt mit Kot im Terrarium - befallen.

Symptome: Unsicher. Viele Reptilien sind Salmonellenträger. In extremen Fällen können auffällige Veränderungen der Ausscheidungen in Form von farblosem oder durchfallartigem Kot auftreten.

Maßnahmen: Meistens durch gute Hygienemaßnahmen ver-

Zur vorbeugenden Medizin gehört es, ein striktes Augenmerk auf die Haltungsumstände zu haben. Foto einer Popes Bambusotter (Trimeresurus popeorum) von W. WUSTER.

Die Fer-de-Lance, Bothrops atrox , ist eine der vielen Amerikanischen Lanzenottern, die vom Fer-de-Lance-Virus befallen werden können.
Foto: R.T. ZAPPALORTI.

Maulfäule kann einer Schlange große Schmerzen bereiten, wenn man die Krankheit so weit wie hier fortschreiten läßt. (Man beachte auch den doppelten Giftzahn.)
Foto: William B. ALLEN, jr.

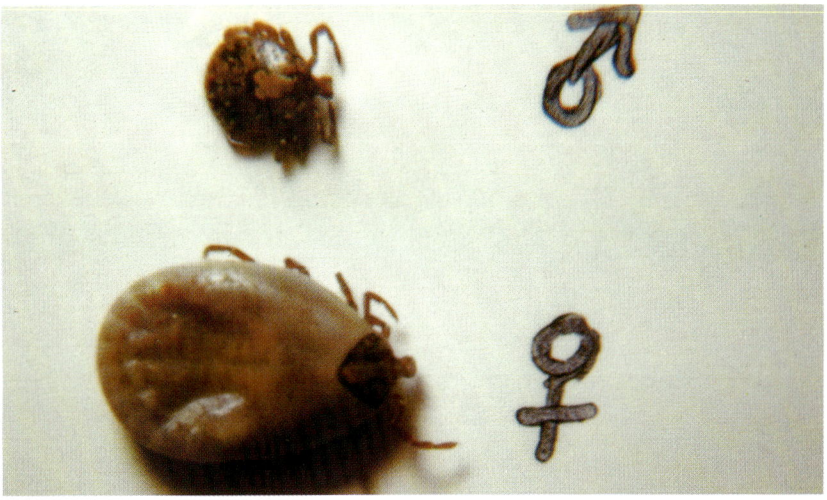

Zecken und Milben sind wahrscheinlich die häufigsten bei Schlangen zu findenden Endoparasiten.
Foto einer männlichen und einer weiblichen Zecke von Dr. Fredric L. FRYE.

meidbar. Wird eine solche Infektion vermutet, ist das Tier unter Quarantäne zu stellen und der Tierarzt aufzusuchen.

Milben/Zecken

Beschreibung: Kleine Parasiten, die am häufigsten die Körperoberseite befallen. Milben treten als kleine, dunkle Punkte auf und bewegen sich hauptsächlich nachts. Zecken sind etwas größer und bohren sich in die Haut zwischen den Schuppen, um Blut zu saugen. Beide sind häufig Überträger von Krankheiten.

Symptome: Bei Milben verlieren giftige wie auch ungiftige Schlangen häufig den Appetit und verbringen eine ungewöhnlich lange Zeit in ihren Wassergefäßen. Sie reiben sich manchmal an Gegenständen im Terrarium, um sich der Störenfriede zu entledigen.

Bei Zecken besteht der Befall oft nur aus einigen wenigen Angreifern, die wie kleine Blasen erscheinen und unter den Schuppen hervorschauen. Durch die Aufnahme von Blut beim Wirt werden sie immer größer. Haben sie sich tief genug in die Schlange hineingebissen, kann das Tier das Interesse an Futter verlieren und leicht nervös werden.

Maßnahmen: Da es in der Folge zu vielen Komplikationen kommen kann, sollten Milben und Zecken so schnell wie möglich beseitigt werden. Erstere können sicher dadurch bekämpft werden, daß ein etwa 5 x 5 cm großes Stück eines Insekten-Strips (Streifen aus Plastik, die mit Pestiziden imprägniert sind und zur Beseitigung von Fluginsekten aufgehängt werden) in einen Behälter mit durchlöchertem Deckel gelegt und dann für etwa vier Tage in das Terrarium der betreffenden Schlange gestellt wird. Zum Abtöten von erneut geschlüpften Milben wird diese Prozedur nach einer Woche wiederholt.

Das Entfernen von Zecken erfordert direkten Körperkontakt mit der Schlange und muß von einem geschulten Fachmann erledigt werden.

Beim Auftreten dieser Parasiten müssen das Terrarium, alle darin befindlichen Gegenstände und die unmittelbare Umgebung des Behälters gründlich gereinigt und gespült werden. Hölzerne Gegenstände sollten verbrannt und ersetzt werden, denn Milben halten sich oft tief in Holzritzen auf.

Bandwürmer

Beschreibung: Befall durch einen parasitären Wurm, der normalerweise das Verdauungssystem angreift. In schweren Fällen so stark, daß die Larven bestimmter Arten im zweiten Larvenstadium direkt unter der Hautoberfläche von außen sichtbar werden

Symptome: Diese Würmer können gewöhnlich sehr frühzeitig in Kotproben entdeckt werden. In einem fortgeschrittenen Stadium verliert der Patient den Appetit und wird apathisch.

Maßnahmen: Wird ein Befall vermutet, muß eine frische Kotprobe vorsichtig aus dem Terrarium entnommen und von einem Tierarzt untersucht werden. Es besteht die Möglichkeit, daß

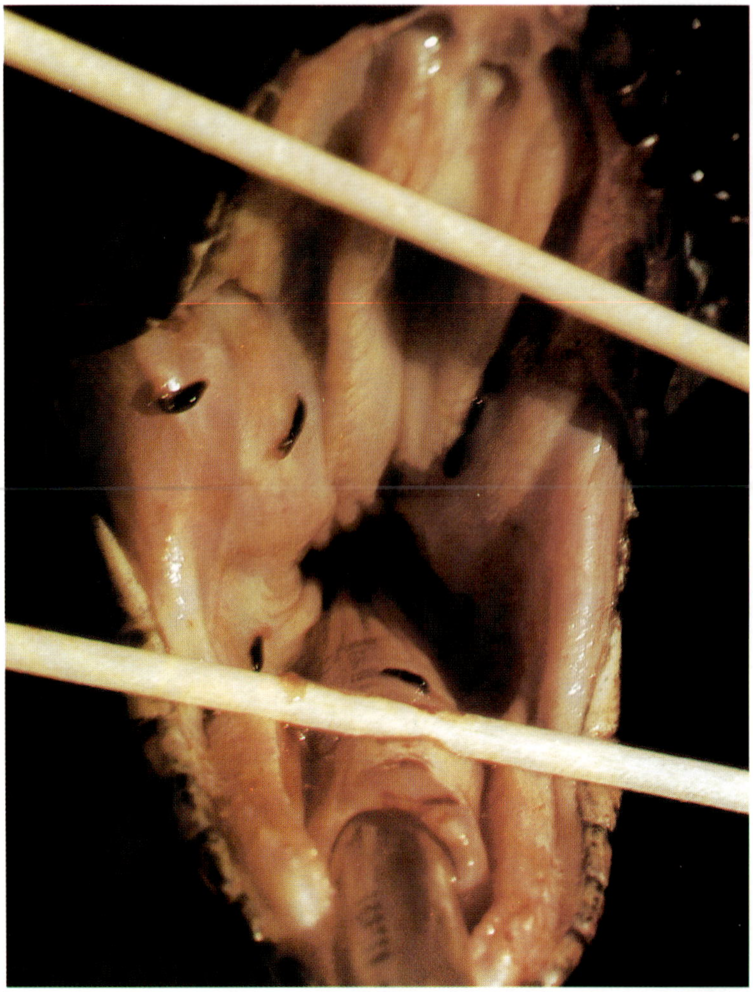

Manchmal kann ein Befall durch Ektoparasiten so schlimm werden, daß man diese im Maulinnenraum erkennen kann, so wie die hier gezeigten Hakenwürmer. Foto: Dr. Fredric L. FRYE

dieser auf eine Vorführung des Tieres besteht, um es mit einer Wurmkur zu behandeln. Manche Terrarianer lassen routinemäßig mehrmals jährlich Kotuntersuchungen durchführen.

Rundwürmer (Nematoden)

Beschreibung: Befallen den Verdauungstrakt. Sie können in schweren Fällen erhebliche Gewebeschäden verursachen.

Symptome: Der Patient verliert den Appetit und wird lethargisch. Der Kot kann farblos sein.

Maßnahmen: Es wurde früher angenommen, ein wirkungsvolles Hausrezept wäre eine große Schüssel mit warmem Wasser (30 bis 33°C), die man in das Terrarium der Schlange stellt und sie dann dazu bringt, darin zu baden. Inzwischen weiß man, daß diese "Behandlung" nicht ein einziges positives Ergebnis bringt. Die einzige Möglichkeit für den Pfleger ist, eine Kotprobe von einem Fachmann untersuchen zu lassen.

Augeninfektionen

Beschreibung: Schnittverletzungen, Abschürfungen, Schwellungen usw., die zu einer bakteriellen Infektionen führen.

Symptome: Sichtbare Schwellungen oder andere anormale Veränderungen im Augenbereich und bei den umgebenden Schuppen.

Maßnahmen: Einen Tierarzt aufsuchen. Alle Behandlungen im Augenumfeld sind extrem schwierig und erfordern einen intensiven Körperkontakt mit dem Patienten.

Hauterkrankungen (Bläschen, Abszesse usw.)

Beschreibung: Jede anomale Veränderung der Hautoberfläche des Tieres. Häufig bei wasserliebenden Schlangen, da diese sich mehr einer feuchten Umgebung aussetzen.

Symptome: Extremfälle ausgenommen, scheint der Patient nicht ernsthaft von diesem Problem beeinflußt zu werden.

Maßnahmen: Da viele Behandlungsmethoden einen direkten Kontakt mit dem Tier erfordern, sollte am besten fachmännische Hilfe in Anspruch genommen werden. Eine Anpassung der Haltungsbedingungen an die natürlichen Lebensbedingungen der entsprechenden Art ist ein Weg zur Vorbeugung vieler Hautinfektionen.

Schwere Schnittverletzungen und Fleischwunden

Beschreibung: Öffnungen der Hautoberfläche der Schlange, normalerweise durch Kämpfe mit Terrarienmitinsassen, gewalttätige Futtertiere oder scharfe Gegenstände, beschädigte Glasscheiben, geplatzte Glühlampen u.a.).

Symptome: Starke Blutungen, sichtbare Öffnungen in der Haut und ungewöhnliches Verhalten des Tieres.

Maßnahmen: Da sämtliche Fleischwunden, egal ob groß oder klein, in höchstem Maße infektionsgefährdet sind, sollten sie schnellstmöglich behandelt werden. Bei einigen der ruhigeren Arten ist es möglich, kleinere Wunden mit Wasserstoffperoxid und einem Wattestäbchen oder etwas ähnlichem, das am Ende eines langen Stockes mit Klebeband befestigt ist, zu behandeln. Bei größeren Wunden ist das nur als Erste- Hilfe-Maßnahme ausreichend und meistens wenig erfolgreich. Der Patient muß zu einem Fachmann gebracht werden. Versuchen Sie niemals, eine Giftschlange zu bandagieren.

Verbrennungen

Beschreibung: Geschwollene und/oder entzündete Verletzungen der Hautoberfläche, manchmal aufgeworfen oder blasig. In schweren Fällen Ablösung der Haut, Ursache meist Kontakt mit einer Heizquelle oder Beleuchtungseinrichtung.

Symptome: Die betroffenen Körperstellen sind deutlich erkennbar. Die Schlange kann viele Stunden in ihrem Wassergefäß verbringen, um sich dadurch Erleichterung zu verschaffen. Sie ist sehr wahrscheinlich nervös. Appetitlosigkeit muß allerdings nicht immer auftreten.

Maßnahmen: Hilfreich ist das Auftragen von Brandsalbe mit Hilfe eines an einem langen Stock befestigten Wattestäbchens, wenn es sich um eine der ruhigeren Arten und um eine leichte Verbrennung handelt. Andererseits sollte in allen Fällen ein Fachmann konsultiert werden. Je schwerer die Verbrennungen, um so schneller wird Hilfe benötigt. Brandwunden sind sehr anfällig für Infektionen.

Knochenbrüche

Beschreibung: Frakturen in der Knochenstruktur.

Symptome: Der Patient wird sich wegen der großen Schmerzen oder Lähmungserscheinungen nicht bewegen. Futterverweigerung; beim Verdacht auf Knochenbrüche darf kein Futter angeboten werden. Ohne Röntgenaufnahme schwer zu erkennen.

Maßnahmen: Der Patient muß so behutsam wie möglich transportiert und durch einen Fachmann behandelt werden. Manchmal muß das Opfer aus humanitären Gründen eingeschläfert werden.

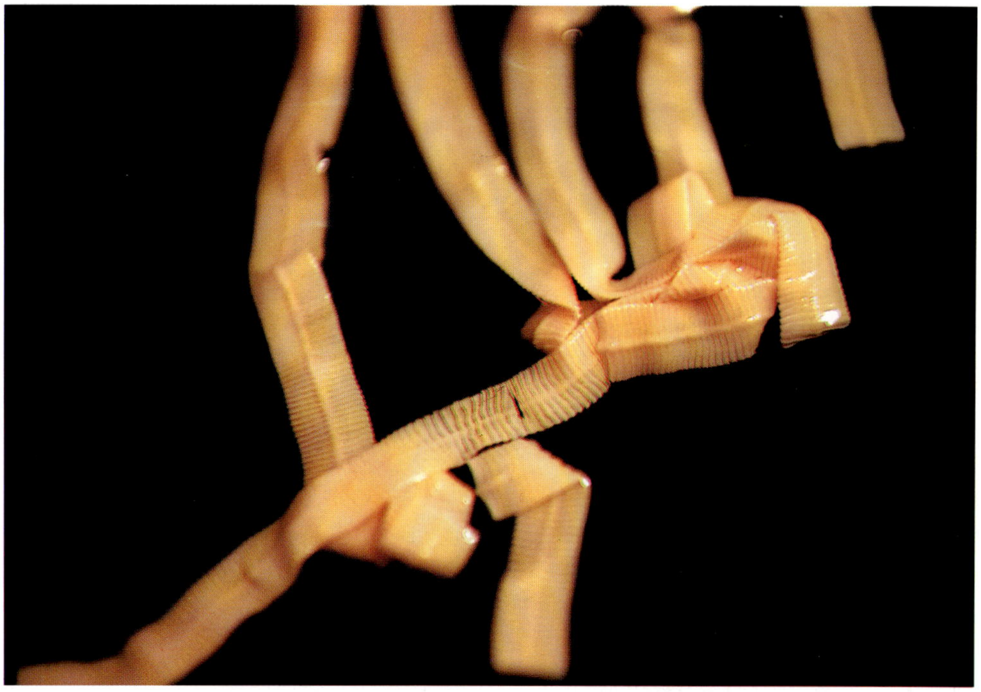

Bandwürmer sind häufige Endoparasiten, die normalerweise das Verdauungssystem befallen. Ein Terrarianer sollte mindestens zweimal jährlich Kotproben seiner Tiere auf Bandwurmeier untersuchen lassen.
Foto: William B. ALLEN, jr.

Schwierigkeiten bei der Häutung (Dysecdysis) sind ein häufig auftretendes Problem bei Schlangen im Terrarium, aber damit in der Giftschlangenhaltung konrontiert zu werden, ist eine ebenso heikle wie gefährliche Sache.
Foto einer Agkistrodon sp. von S. KOCHETOV.

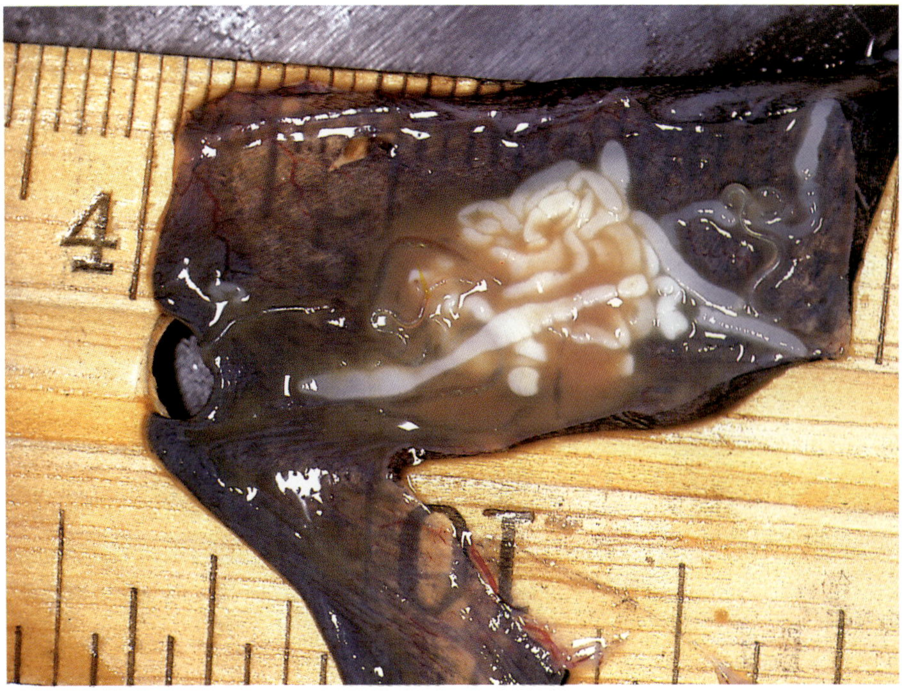

Bandwürmer können recht respektable Längen erreichen und große Schäden verursachen, wenn sie nicht entdeckt werden.
Foto: Paul FREED.

Gicht

Beschreibung: Eine generelle Schwächung und Versteifung der inneren Organe der Schlange, normalerweise mit Auswirkungen auf Rückenwirbel.

Symptome: Ausgeprägte Lethargie. Bewegungen scheinen schmerzhaft und nur unter Anstrengung möglich zu sein. Gelegentlich tritt Verstopfung auf; Futterverweigerung.

Maßnahmen: Zur Besserung des Wohlbefindens des Tieres sollte ein verstärktes Maß an Ruhe, eine leichte Anhebung der Luftfeuchte und ein Gefäß mit frischem kaltem Wasser geboten werden. Ein Tierarzt ist aufzusuchen.

Hypervitaminose

Beschreibung: Tritt bei Schlangen auf, die eine Überdosis an Vitaminen erhalten haben.

Symptome: Äußere Anzeichen, wie unerklärliche Schwellungen können vereinzelt auftreten. Sehr schwer zu diagnostizieren.

Maßnahmen: Reduzierung der Vitamingaben.

Eine Verletzung ist zweifellos eines der streßträchtigsten Probleme für eine Schlange. Ist sie tief, muß sie nicht selten mit einigen Stichen genäht werden.
Foto: William B. ALLEN, jr.

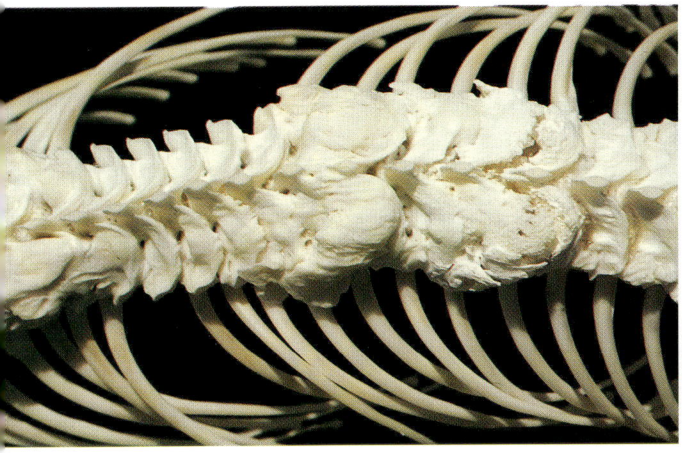

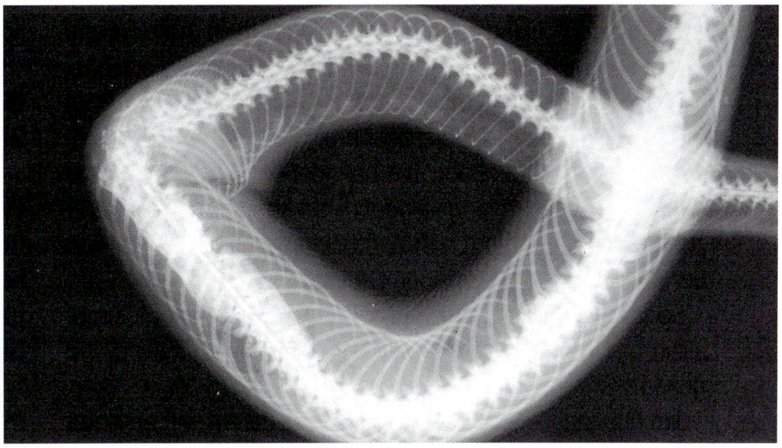

Links: Ein Schlangenskelett ist empfindlicher als viele Menschen sich vorstellen können und für Brüche sehr anfällig.
Foto: Dr. Fredric L. FRYE aus "Reptile Care".
Rechts: Man beachte die Schwere des Bruches auf dieser Röntgenaufnahme. Es ist sehr anzunehmen, daß eine Schlange mit einem solchen Bruch große Schwierigkeiten hat, sich davon wieder vollständig zu erholen.
Foto: Dr. Fredric L. FRYE aus "Reptile Care".

Anekdoten

Es ist dem Verfasser eine Ehre, dem Leser eine Reihe von Erfahrungsberichten präsentieren zu können, die von fünf prominenten Mitgliedern der Herpetologengilde beigesteuert wurden. Anschließend folgt eine Anekdote des Verfassers selbst. Die Kurzberichte können als Bezugsquellen für die Zukunft, als Schulbeispiele oder einfach dem Spaß am Lesen dienen.

Joseph T. Collins

(Herpetologe an der Universität von Kansas und Mitautor von "A Field Guide to Reptiles and Amphibians, Eastern and Central North America"):

Ich erhielt einen bösen Biß von einer Wassermokassinschlange, die sich an diesem Tag in einer besonders üblen Laune befand. Das Tier lag in Wartestellung ganz links im Terrarium. Ich griff in das Becken, um den auf der gegenüberliegenden Seite befindlichen Wassernapf aufzufüllen, als das Tier zubiß.

Im Krankenhaus kümmerten sich die behandelnden Mediziner nicht darum, mich auf eine mögliche Allergie gegen das Antiserum zu testen, und im Nu hatte ich eine stärkere Reaktion darauf als auf den eigentlichen Biß. Ich schwoll so stark an, daß meine Füße beim Laufen quietschten. Es dauerte Wochen bis zur völligen Normalisierung.

Dann kenne ich noch eine andere Geschichte mit einer Wasser- Mokassinschlange, die mir eines Tages mein guter Freund Mike PEARCE über einen seiner Freunde in Arkansas erzählte.

Jim ist mit zwei Kameraden eines Nachts mit dem Boot draußen in einem Mangrovensumpf. Eine Wassermokassinschlange fällt in das Boot. Jim befindet sich in der Mitte der Gruppe, und die Schlange landet direkt auf seinem Fuß. Als er zurückspringt, verfängt sich sein Bein in dem Kabel, das von der Bootsbatterie zur einzigen Lampe führt.

So sind letztlich drei Mann in der Dunkelheit in einem Sumpf allein mit einer Wassermokassinschlange, nicht wissend, wo genau sie sich eigentlich befindet.

Jim hört ein Platschen. Und dann, kurz darauf, ein erneutes Platschen. So springt auch er. Nun befinden sich drei Männer im Sumpf und die Schlange im Boot. Nach einigen Minuten Wassertreten hört Jim diese Stimme in der Dunkelheit: "Jim? Wieviel Wassermokassinschlangen sagtest Du, waren in dem Boot?"

"Eine", sagt Jim.

Stille, dann: "Jim? Wieviele vermutest Du sind hier draußen?!"'

Und zum Schluß fällt mir noch eine Geschichte ein, die mir einer meiner Kollegen über einen jungen Assistenten erzählte, der in Mexico versuchte, eine Klapperschlange zu fangen, während er auf der Kante einer Klippe stand. Scheinbar biß die Schlange ihn zweimal, er fiel rückwärts über den Rand und landete schließlich in einem Baum, wo ein Ast seinen Kopf verwundete. Erstaunlich daran war, daß er nicht nur keine bleibenden Schäden davontrug, sondern auch immer noch die Schlange festhielt."

(Auch in "The Topeka Capital-Journal", 9. August 1992, veröffentlicht)

Dr. Hobart M. SMITH

(Professor für Herpetologie an der Universität von Colorado und Autor von herpetologischen Arbeiten für Amateurherpetologen und Wissenschaftler, sowie dem bekannten T.F.H.-Buch "Snakes as Pets"):

"Einen glücklicherweise gut ausgegangenen Streich, den mir meine Unbedachtheit eintrug, ereignete sich eines Sommers, als ich für etwa eine Woche auf einer kleinen Ranch in den abgelegenen Regenwäldern von Campeche in Mexiko weilte. Es war ein Drei-Tage- Trip von Ciudad del Carmen, mit dem Linienboot einen großen Fluß aufwärts, mit einem Einbaum einen kleinen Seitenarm hinauf und dann noch einen weiteren Tag mit Packtieren quer durch das Land. Mehrere Kilometer im Umkreis gab es keine andere Ortschaft. Nächtliche Exkur-

Die Katzenaugennatter ist zwar selten im Terrarium zu sehen, ist aber eine höchst attraktive Schlange und scheint angesichts der Tatsache, daß sie eine Opisthoglyphe ist, generell harmlos. Foto einer Nördlichen Katzenaugennatter (Leptodeira septentrionalis septentrionalis) von Dr. Sherman A. MINTON.

sionen beschränkten sich auf wenige Wege, die ich mit einer Laterne ablaufen konnte, die ich sehr dicht vor mir hielt. Das Licht wurde von meiner Kleidung reflektiert und meine Augen wurden dank der Laternenabdeckung vor Blendlicht geschützt. Wie auch immer, das mir zur Verfügung stehende Petroleum war von schlechter Qualität und verstopfte den Brenner dermaßen, daß ich nach einer dreiviertel Stunde zur Ranch zurückhasten mußte, bevor das Licht gänzlich verlosch. Dort reinigte ich den Brenner und brach erneut auf.

Die hier häufigste Reptilienart gehörte zur Gattung *Leptodeira* - etwa sechzig Zentimeter lange, schlanke, quergebänderte Schlangen. Diese fing ich ohne große Vorsicht, da sie ungestraft wegen ihrer weit hinten liegenden Giftzähne gehandhabt werden können. Einmal, als meine Laterne so schwach geworden war, daß ich gerade wieder umkehren wollte, um sie zu reinigen, wand sich eine andere Schlange schnell über den Weg, die ich ebenfalls für eine *Leptodeira* hielt. Natürlich griff ich sie ziemlich genau in der Körpermitte und, da in dieser Gegend verschiedene *Leptodeira*-Arten vorkommen, stellte ich die Laterne ab und hielt die Schlange locker mit beiden Händen dicht an die Laterne, um besser erkennen zu können. Zu meiner allergrößten Überraschung hielt ich eine Lanzenotter *Bothrops asper* in den bloßen Händen, die ohne Zweifel in der Lage ist, einen tödlichen Biß anzubringen. Warum das noch nicht geschehen war, werde ich wohl nie erfahren. Völlig geschockt ließ ich die Schlange augenblicklich fallen und benutzte irgendetwas, um ihren Kopf herunterzudrücken, während ich sie richtig hinter dem Kopf griff. Ich schickte ein Dankgebet nach dem anderen gen Himmel, dafür daß ich nicht gebissen wurde. Es wäre fast unmöglich gewesen, die nötige medizinische Hilfe zu erhalten. Ich hatte kein Erste-Hilfe-Besteck oder Antiserum bei mir und zu diesem Zeitpunkt nicht die geringste Vorstellung davon, wie lebensnotwendig augenblickliches Einschneiden und Aussaugen als Ersatz für eine medizinische Behandlung sind.

Fachleute, die schon einmal ernste Zwischenfälle mit der Sandrasselotter (Echis carinatus) erlebt haben, bezeichnen sie als eine der gefährlichsten Schlangen der Welt.
Foto: R.T. ZAPPALORTI.

Und dann erhielt ich doch - traurig genug - meine Quittung in Form meines ersten Giftschlangenbisses - ich wurde zweimal gebissen. Als ich Student an der Staatlichen Hochschule Kansas in Manhatten war, verbrachte ich den größten Teil meiner Zeit anstatt mit Kursarbeiten für die Prüfung nach diesem Jahr, mit dem Fangen von Schlangen entlang von Wildcat Creek im Westen der Stadt. Ich brachte sie in die Lebendsammlung, die von Dr. Howard K. GLOYD im obersten Stockwerk des Museums gepflegt wurde und wo ich als unbezahlter Pfleger tätig war. Auf einer meiner Fangtouren fand ich einen außergewöhnlich großen Kupferkopf, auf den ich natürlich überaus stolz war, denn er war die größte Schlange, die ich jemals gesehen hatte. Während ich am späten Nachmittag die Terrarien reinigte, schlenderte der Pförtner in den Raum. Wir unterhielten uns über die ausgestellten Tiere, und er bewunderte jedermann, der die giftigen darunter anzufassen wagte. Ich versicherte ihm, daß das ganz einfach sei - man müsse nur den Kopf herunterdrücken und sie dann direkt hinter dem Kopf greifen. Selbstsicher bot ich ihm eine Demonstration an, holte den großen Kupferkopf mit einem Haken aus seinem Terrarium und plazierte ihn auf dem glatten Holzfußboden. Ich drückte seinen Kopf mit dem Drahtbügel nach unten und bückte mich, um die Schlange hinter dem Kopf zu greifen, als sie sich hervorwand und blitzartig in den Mittelfinger meiner rechten Hand biß - soviel zum korrekten Fangen und Handhaben einer Giftschlange.

Wenngleich eine beachtliche Schwellung, Schmerzen und Brechreiz trotz Verabreichung des Antiserums 15 Minuten später auftraten, blieben keine bleibenden Schäden zurück - nur eine respektvolle Vorsicht bei der Handhabung solcher Tiere, die seit damals trotz der erfolgreichen Haltung von aberhundert von ihnen bis heute angehalten hat.

Kupferköpfe (Agkistrodon contortrix) sind eine viel studierte Gruppe von Solenoglyphen, deren Bisse nur sehr selten zu Todesfällen beim Menschen führen.
Foto: Ron EVERHART.

Eine ungewöhnlich gefärbte Westliche Diamantklapperschlange (Crotalus atrox), bei der die gewöhnlich lohbraune Grundfarbe viel heller als normal ist.
Foto: S. KOCHETOV.

(Auch in "Notes from NOAH", XI (4), einer Publikation der Nord- Ohio Gesellschaft der Herpetologen, 1984, veröffentlicht.)

Dr. Sherman A. MINTON

(Von der Hochschule für Medizin in Indiana und Autor zahlreicher herpetologischer Arbeiten sowie "Venomous Reptiles" zusammen mit seiner Frau Madge):

Ich habe sehr lange Zeit in der Gesellschaft von Sandrasselottern (*Echis carinatus*) verbracht, bei denen es zwei Fälle von einmaligem Verhalten bei dieser Schlange gab, deren Beschreibung in allen Einzelheiten interessant ist. Eine Schlange sonnte sich kurz nach Sonnenaufgang auf einer völlig ungedeckten Stelle. Durch mich aufgeschreckt, bewegte sie sich direkt auf mich zu und berührte sogar mit ihrem Körper meine Füße. Ich bewegte mich etwa drei Meter in eine andere Richtung und die Schlange folgte mir. Nach einer ganzen Reihe solcher Ausweichmanöver befand sich das Reptil etwa 12 Meter von der Stelle entfernt, wo ich es zuerst entdeckt hatte. Jedes Mal stoppte sie kurz vor meinen Füßen und biß nach ihnen, wenn ich mich bewegte. Im zweiten Fall wurde eine Schlange, frei neben einer Euphorbien- Staude liegend, entdeckt. Sie kam in sehr schnellen Seitenwinderbewegungen direkt auf mich zu. Als ich zur Seite trat, wandte sie sich meiner Tochter zu, die nur einige Schritte von mir entfernt stand. Sie wich ebenfalls aus, und die Schlange zog sich in Abwehrstellung zusammen, nach allem beißend, was sich bewegte. Es ist einfach, ein solches Verhalten als aggressiv zu interpretieren, aber es könnte auch möglich sein, daß die Schlange durch den Schatten einer stehenden Person angelockt wurde. Bei verängstigten Reptilien kann beobachtet werden, daß ein Busch oder Fels als mögliche Zufluchtsstätte betrachtet wird. Wie das auch sein mag, eine barfüßige Person könnte unter solchen Umständen leicht gebissen werden. In diesem Zusammenhang wurde einer meiner Patienten gebissen, als er in der Dämmerung barfuß ein Badehaus betrat. Er sagte aus, daß die Schlange ihn solange im Raum herumjagte, bis er sie schließlich tötete.

(Veröffentlicht im Bull. Amer. Mus. Nat. Hist., 134, 1966)

Dr. Roger CONANT

(Assistierender Professor für Biologie an der Universität von New Mexico und Mitautor bei herpetologischen Arbeiten wie

Die Gefleckte Klapperschlange (Crotalus mitchelli) ist eine ansprechende, wenn auch sehr nervöse Grubenotter, die überwiegend im Südwesten der Vereinigten Staaten und in einigen Gebieten auf der Baja California vorkommt.
Foto: Ron EVERHART.

dem "Field Guide to Reptiles and Amphibians; Eastern and Central North America", dem Buch über den Agkistrodon-Komplex, Verfasser der "Reptile Study", einer Broschüre für die amerikanische Pfadfindergesellschaft, sowie mehr als 200 wissenschaftlichen Publikationen):

Meine lebendigste Erinnerung an ein Erlebnis mit einer Giftschlange führt zurück in das Jahr 1929, als ich von einer Gefleckten Klapperschlange in den Daumen gebissen wurde. Ich war zu diesem Zeitpunkt gerade 20 Jahre alt und damit beschäftigt, Fotos für einen geplanten Vortrag im Toledo Zoo (Ohio) zu machen. Der zu Hilfe gerufene Arzt beging gleich eine Reihe von folgenschweren Fehlern. Die Schneide-Saug-Methode war zu dieser Zeit als Erste-Hilfe-Maßnahme gerade in Mode, er aber schnitt mit seinem Skalpell gleich so tief in die Wunde, daß er Nerven und Blutgefäße verletzte und tatsächlich meinen Daumen mit einem einzigen Schnitt nahezu amputierte. Leider vergaß er auch, mir eine Tetanusspritze zu geben. Nur 21 Tage später brach ich mit Wundstarrkrampf zusammen und wurde zu einer der wenigen Personen, die diesen überlebt haben. Nachdem ich wieder gesund und die Amputation von einem Chirurgen auf vernünftige Weise vollendet worden war, verließ der Arzt die Stadt. Er konnte seinesgleichen wohl nicht mehr ins Gesicht sehen.

Dr. Henry S. FITCH

(Autor von "Autecology of the Copperhead" und einer Vielzahl anderer Arbeiten):

Damals, etwa in Jahre 1935, als ich als Student mit der Feldarbeit für meine Dissertation über Strumpfbandnattern beschäftigt war, jagte ich in Oregon entlang des Flusses Klamath. Ich fuhr gerade südwärts auf einer Nebenstraße, als eine sechzig Zentimeter lange Pazifik-Klapperschlange diese direkt vor mir überquerte. Ich fing die Schlange und steckte sie in einen mitgeführten Sack zu einigen anderen Dingen.

Einige Kilometer weiter, an der kalifornischen Grenze, wurde ich an der Staatlichen Lebensmittel-Kontrollstation angehalten. Der Inspektor fragte mich, wo ich herkäme und welche Obst- und Gemüsesorten ich eventuell bei mir hätte. Während wir uns unterhielten, lehnte er sich durch das offene Fenster der Hintertür und begann, sich mit meiner Ladung zu beschäftigen. Ich hatte die Schlange ganz vergessen, und meine größte Sorge war, daß er meine gut versteckten Oregon-Kartoffeln entdecken würde. Aber dann, als ich merkte, daß der Inspektor den Schlangensack entdeckt hatte und die darin befindliche Klapperschlange abzutasten begann, sträubten sich mir die Haare. Die Schlange verhielt sich passiv, und da sie sich offensichtlich nicht wie eine Zitrusfrucht anfühlte, hatte sich der Inspektor bereits anderen Teilen meiner Ladung zugewandt, noch bevor ich tief Luft holen und zu einer Erklärung ansetzen konnte. Minuten später befand ich mich auf dem Weg ins südliche Kalifornien, mit meinem Inspektions-Zertifikat in der Tasche, aber immer noch ein bißchen weichen Knien. Es ist ein Wunder, daß die Schlange nicht durch den Sack gebissen oder zumindest gerasselt hat, aber an dem Tag hatte ich Glück, und der Inspektor hatte mehr davon als er ahnen konnte.

Dann, 1975, kam die Biologieklasse einer Hochschule zum Reservat der Universität für Naturgeschichte in Kansas, um eine Feldtour mitzumachen. Ich führte sie auf einen kurzen Rundgang, um meine Schlangenfallen vorzustellen. In einer Falle hatte ich einen Kupferkopf gefangen, den ich entnahm, wog und markierte, während ich die Vorgänge erklärte. Ich war gerade fertig, als ein Student sich einer anderen Falle, die sich etwa 60 Zentimeter entfernt am anderen Ende des Fangzaunes befand zuwandte und rief: "Du hast ja zwei!". Ich erklärte, daß es ungewöhnlich sei, an jedem Ende des Fangzaunes eine Schlange der selben Art zu fangen; sie wären

nicht so häufig. Ich ging zur zweiten Falle, öffnete sie, zog die Schlange heraus, drückte ihren Kopf mit meinem Stock herunter und griff sie, dabei ständig redend. Währenddessen hatte ich völlig übersehen, daß da noch ein weiterer Kupferkopf lag. Die beiden hatten sich umeinander geschlungen, und während ich den Kopf des ersten herunterdrückte und greifen wollte, hätte der andere reichlich Zeit gehabt, mich ungehindert beißen zu können. Zu meiner großen Verwunderung tat er es nicht.

Die letzte Geschichte ereignete sich im Juni 1992. Als Achtzigjähriger werde ich von Schwerhörigkeit und schlechter Sehfähigkeit geplagt. Ich kann eine Klapperschlange nicht mehr rasseln hören und übersehe im Feld mehr als ich sollte. Eines Tages,als ich einen verrosteten Metalldeckel umdrehte, der an strategischer Stelle zum Anlocken von Schlangen plaziert worden war, bemerkte ich das hintere Ende eines Kupferkopfes, gerade als er im Bau einer Baumwollratte verschwinden wollte. Ich habe meine Reflexe immer mit Bedacht für solche Zufälle trainiert und schnell wie der Blitz ergriff ich den Schwanz. Was ich aber nicht gesehen hatte, war, daß die Schlange in einer Schlaufe und mit dem Hauptteil des Körpers im erweiterten Eingangsbereich des Baues lag, nach draußen blickte und mit ihrem Kopf nur sieben bis zehn Zentimeter von meinen Fingern entfernt war. Sie machte einen kurzen Satz nach vorne - kein wirklicher Angriff. Erst in diesem Moment sah ich ihren Kopf und ließ sie wie eine heiße Kartoffel fallen. Ich drückte ihren Kopf auf den Boden und griff sie, aber seitdem habe ich immer versucht, meine Sicherheitszone unter Berücksichtigung meines mangelhaften Sehvermögens zu erweitern."

(Aus einem persönlichen Brief an den Autor.)

W.P. Mara

Diese Geschichte betrifft einen persönlichen Freund, der eine merkwürdige Einstellung zur Haltung von Giftschlangen, besonders Kobras, Mambas, Bambusottern und Klapperschlangen hat.

Ein Freund von ihm besaß eine Westliche Diamantklapperschlange (*Crotalus atrox*), von der er behauptete, sie von Babyalter an aufgezogen zu haben und die wirklich völlig "zahm" wäre. Trotz meiner anfänglichen Zweifel mußte ich das später als wahr akzeptieren, da ich Zeuge wurde, wie er eines Tages herumlief und die Schlange völlig ruhig um seinen Hals lag. Er berichtete weiter, er würde stundenlang mit dem Tier auf seinem Schoß fernsehen, ohne jemals auch nur ein Mißgeschick erlebt zu haben. Ich selbst rührte die Schlange nicht an, da ich immer noch der Meinung war, er wäre nicht ganz bei Verstand und würde eines Tages sein "Fett" schon abbekommen.

Unglücklicherweise wurde nicht er, sondern mein Freund das Opfer. Eines Nachmittags brachte der Schlangenbesitzer sein "zahmes Haustier" zu dessen Haus, um es dort einer kleinen Gruppe von Besuchern vorzuführen. Nachdem er sie meinem Freund in den Schoß gelegt hatte, riß die Schlange prompt aus

EinePrärieklapperschlange (Crotalus viridis oreganus) mit einem Trio von Neugeborenen. Man beachte die deutlichen Kontraste in der Färbung.
Foto: Ron EVERHART.

und flüchtete in eine offene Schublade des Schreibtisches, vor dem er saß. Sicher, daß die Schlange ihrem guten Ruf Ehre machen und ruhig bleiben würde, griff er sie am Schwanz und versuchte, sie herauszuziehen. Die Schlange drehte sich darauf sofort um und grub beide Giftzähne mit voller Kraft in die weiche Haut zwischen Daumen und Zeigefinger seiner rechten Hand. Mein Freund verbrachte anschließend sechs Wochen im Krankenhaus und kann heute drei seiner Finger nicht mehr gebrauchen - für immer.

Zum Schluß und ganz kurz die Geschichte, die mein Großvater mir, bevor er vor einigen Jahren verstarb, über seinen eigenen Großvater erzählte. Dieser schwamm in einem kleinen Fluß im Süden Floridas und wurde plötzlich von einer Wassermokassinschlange in die Basis der Wirbelsäule gebissen. Da er sich nicht in der Nähe eines Krankenhauses befand - und in dieser Zeit hätte man auch dort nicht viel tun können, erlitt mein Urgroßvater schwere Schäden am Rückenmark und wurde für den Rest seines Lebens von der Taille an abwärts zum Krüppel.

Links: Die Katzenaugennattern der Gattung Leptodeira sind semi- arborikol, verbringen aber die meiste Zeit der Nacht mit der Jagd nach Fröschen und Echsen auf dem Boden.
Foto: S. KOCHETOV.
Unten: Die Westliche Diamantklapperschlange (Crotalus atrox) wird sehr erfolgreich nachgezogen, und wie man hier deutlich sehen kann, gibt es auch eine albinotische Form.
Foto: W.P. MARA.

Giftschlangen und der Mensch

Der Mensch und die Giftschlangen haben über Jahrhunderte einen großen Einfluß aufeinander ausgeübt. Durch die meist wenig freundschaftliche Partnerschaft haben sich viele interessante Themen entwickelt.

Einen guten Anfang bietet vielleicht die Klapperschlangenjagd. Ich sage das, weil das Thema der Klapperschlangenjagd im Moment in den USA lebhaft diskutiert wird. Im Zeitalter des ökologischen Bewußtseins scheinen Aktivitäten wie diese am Aussterben zu sein und durch Schutzmaßnahmen ersetzt zu werden.

Die Klapperschlangenjagd begann in den Vereinigten Staaten bereits im späten 16. Jahrhundert. Sicher wurde das damals nicht wie heute als eine Art von Sport betrachtet, und die Gründe dafür waren etwas besser verständlich.

Die frühen Siedler hatten über Giftschlangen nicht das Wissen, das wir heute haben. In ihren Augen war eine Schlange eben eine Schlange, allesamt bedeuteten sie Gefahr und mußten deshalb getötet werden. Das betraf natürlich besonders solche, die bereits Menschen verletzt hatten. Die meisten Jagden in diesen Tagen dienten zur Bereinigung und Sicherung von möglichen Siedlungsgebieten. Ob das Fleisch der Giftschlangen gegessen wurde, kann der Verfasser nicht sagen.

Im Laufe der Jahre jedenfalls hat sich die Einstellung zur Klapperschlangenjagd drastisch verändert. In der heutigen Zeit scheint es nicht mehr als ein Sport für Machotypen zu sein. Die am meisten umstrittenen Klapperschlangenjagden finden im Süden und Westen der Vereinigten Staaten statt, die überwiegende Zahl in Texas und Oklahoma, einige in Pennsylvania. Hier gibt es richtige Clubs, normalerweise eine Art von Bruderschaft, die in Verbindung mit der Ortschaft selbst viel für die Städtewerbung tun. Sie treffen sich jährlich zu diesem Zweck und fangen bei solchen Gelegenheiten nicht selten 500 bis 1000 Exemplare. Seltsamerweise scheinen diese Populationen nicht, wie man eigentlich annehmen sollte, in dramatischer Weise darunter zu leiden. Hingegen ist in vielen anderen Gebieten, in denen die Klapperschlangenjagd heute verboten ist, bereits großer Schaden angerichtet worden.

Oftmals behaupten die Teilnehmer, sie würden der Öffentlichkeit einen Dienst erweisen, indem sie diese "unglaublich gefährlichen" Tiere entfernen. Die Wahrheit ist jedoch, daß grundlegend alle Giftschlangen weltweit eher vor einem Menschen fliehen als ihn anzugreifen. Eine Klapperschlange beißt nur als letzte Verteidigungsmaßnahme und sucht sich den Menschen als Opfer mit Sicherheit nicht aus; das Opfer muß zu ihr kommen. Tatsächlich begeben sich die Teilnehmer in diesem Fall nur selbst in Gefahr. Es wurden mit Sicherheit nicht wenige Bißunfälle und sogar eine Reihe von Todesfällen verzeichnet.

Die angewandte Technik ist recht einfach. Die Jagden finden gewöhnlich im zeitigen Frühjahr statt, wenn die Tiere gerade aus ihren Winterquartieren herauskommen oder auch im späten Winter, wenn sie in ihren Unterschlüpfen in großen Mengen gefangen werden können. Man läßt etwas Benzin in den Eingang der Höhle hineinlaufen und jagt die Insassen damit heraus. Das Fangen in der kühleren Jahreszeit ist auch deshalb einfacher, weil sie immer noch recht unterkühlt und dadurch langsam sind. Zu erwähnen ist dabei auch eine Technik, die man als "Knallen" bezeichnen könnte. Dabei greift der Fänger das Tier am Schwanz und "knallt" es auf den Boden, wodurch das Genick gebrochen wird. Natürlich führt das, speziell bei sehr großen Klapperschlangen, mitunter erst recht zu Aggressivität - und das kann dann zu einem Biß führen.

Nach dem Fangen werden die Schlangen systematisch an einen zentralen Ort gebracht, wo der Neugierige ein "Klapperschlangen- Barbeque" erleben, beim Melken zusehen oder auch miterleben kann, wie ihnen die Köpfe abgeschlagen und sie enthäutet werden, um zu Modeartikeln wie Schlüsselketten, Stiefeln, Hüten, Brieftaschen oder Gürtelschnallen verarbeitet zu werden. Das Fleisch ist zu einer regelrechten Delikatesse geworden. Einige Firmen füllen es in Büchsen ab, die in Delikatessenläden vertrieben werden. Der Verfasser muß zugeben, es einmal probiert zu haben - ich war viel jünger und hatte absolut keine Ahnung, daß ich eines Tages dieses Buch schreiben würde- und kann nicht behaupten, daß der Geschmack unangenehm war. Etwas salzig, aber nicht schlecht.

Die Klapperschlangenjagden sind zur Sensationshascherei geworden.Der Terrarianer mit Selbstrespekt sollte sie am besten ignorieren.

Ein anderer interessanter Aspekt mit Bezug auf Giftschlangen ist ihre Verwendung bei religiösen Zeremonien. Viele radikale Sekten in Nordamerika, am häufigsten in einer nicht kartografierten Gegend, die der "Bibel-Gürtel" genannt wird, handhaben Giftschlangen völlig ohne Vorsicht mit den bloßen Händen, um ihre Gläubigkeit unter Beweis zu stellen. Wer an

Wenn dieses Modell einer Klapperschlange fertig bemalt sein wird, stellt es ein wunderschönes herpetologisches Kunstwerk dar. Das ist ein Weg, auf dem sich Interessenten an dem Anblick einer Giftschlange erfreuen können, ohne selbst eine lebendige besitzen zu müssen.
Foto: W.P. MARA.

der Geschichte dieser Praktiken interessiert ist, kann in "Venomous Reptiles" von S. und M. Minton nachlesen, daß alles 1908 in Grasshopper Valley in Tennessee mit einem Farmer namens George Hensley begann. Augenscheinlich nahm Mr. Hensley einen Teil der Bibel (Markus 16: 17 /18) etwas sehr wörtlich. Grundsätzlich besagen die beiden Verse, daß der, der glaubt, in der Lage sei, auch das tödlichste aller Tiere zu handhaben, ohne dabei Schaden zu nehmen. Getreu seinem Glauben suchte Hensley sich eine große Klapperschlange. Ohne gebissen zu werden, brachte er sie in seine Kirche, wo er sie erneut ohne Bißverletzung ergriff.

In der Mitte der dreißiger Jahre hatte sich diese Praktik bis nach Kentucky ausgebreitet. Durch einen einzigen Zeitungsartikel 1938 wurde sie publik. Mr. Hensley jedenfalls starb 1955 - wie verwunderlich - am Biß einer Östlichen Diamantklapperschlange (*Crotalus adamanteus*) während eines Gottesdienstes. Erst kürzlich wurde ein 34 Jahre alter Mann in Indiana in die Hand gebissen, als er während einer Zeremonie für die "Hi-Way Holiness Church of God" versuchte, eine Waldklapperschlange (*Crotalus horridus*) aus einer Kiste zu nehmen. Dem Artikel nach ist diese Praktik offensichtlich (noch) nicht illegal, solange die Schlange auf legale Weise erworben wurde und nicht zu den gefährdeten Arten gehört.

In anderen Teilen der Welt stellen viele Giftschlangen Symbole hoher Verehrung und Wert dar. Es gibt so viele Kulte, auf die das zutrifft.

In einigen Ländern sehen die Frauen in der Kobra ein Zeichen für Fruchtbarkeit. Sie legen Opfergaben vor die Höhlenöffnungen in der Hoffnung, daß sie die Schlange damit freundlich stimmen können und selbst schwanger werden.

In manchen Teilen Malaysias und Indonesiens wird Wagler-Lanzenotter als ein Zeichen des Glücks angesehen und deshalb gerne in der Nähe von Behausungen geduldet. Da sie eine recht ruhige Schlange ist, wird sie von vielen mit den bloßen Händen angefaßt und sogar von Hand gefüttert. Natürlich gibt es Aufzeichnungen über Bißunfälle, aber nur selten geht einer davon tödlich aus. Manche primitive Stämme benutzen das getrocknete Gift vieler Tiere, Schlangen eingeschlossen, um die Spitzen ihrer Waffen damit zu präparieren. Blasrohrpfeile, Bogenpfeile, Speere werden mit verschiedenen Giften von Pflanzen und Tieren eingerieben. In einigen Fällen werden einfach die Schlangenköpfe abgetrennt, geöffnet und dann an der Projektilspitze befestigt. Bestimmt ein interessanter Anblick!

Und letztlich der vielleicht bekannteste Schlangenbiß in der Geschichte, der berühmte Freitod der Nilkönigin Cleopatra. Der Legende nach beging sie Selbstmord, indem sie einen tödlichen Biß provozierte. Experten glauben, daß es sich dabei um eine ägyptische Kobra oder Erdviper gehandelt habe.

Links: Die Beschwörung der Schlange war über Jahrhunderte eine Quelle von Faszination und Bewunderung. Diese Schlangenbeschwörung wurde in Singapur mit einer Naja naja vorgeführt.

So lange herpetologisch orientierte Kleidung nicht aus der Haut der Tiere hergestellt wird, ist nichts gegen ein so attraktives Stück wie diese Klapperschlangen-Gürtelschnalle einzuwenden.
Foto: W.P. MARA.

Einige Gürtelschnallen könnten als wirkliche Kunstwerke bezeichnet werden.
Foto: W.P. MARA.

Einige interessante Arten

Darstellung des Kommentkampfes, wie ihn männliche Kupferköpfe austragen. Zeichnung: Scott BOLDT.

Die Auswahl, die ich für dieses Kapitel getroffen habe, basiert auf Arten, die ich aus allgemeiner Sicht als interessant eingestuft habe und von denen ich glaube, daß sie ähnliche Arten am besten repräsentieren. Sie sind in alphabetischer Reihenfolge nach ihren wissentschaftlichen Gattungsnamen geordnet.

Nördlicher Kupferkopf
Agkistrodon contortrix mokasen

Er ist ein Vertreter einer der am häufigsten in den Terrarien vertretenen Gattung von Giftschlangen. Der Nördliche Kupferkopf besitzt eine Menge angenehmer Eigenschaften, und seine terraristische Beliebtheit ist nicht verwunderlich.

Er ist ein bemerkenswert attraktives Tier. Er besitzt eine Reihe von dunkelbraunen sanduhrförmigen Sattelflecken, die in der Lateralregion am deutlichsten sind. Sie haben heller braune oder manchmal auch lohfarbene Innenhöfe. Die Grundfarbe ist ein ebenfalls helles Braun, kann aber auch goldfarben oder ein helles Schokoladenbraun sein. Der Kopf ist dreieckig und weist normalerweise die gleiche Grundfarbe wie der Körper auf. Das Schnauzenschild ist etwas dunkler; ein dünner dunkler Streifen zieht sich durch das Auge, und die Lippenschilder sind etwas heller.

Der Nördliche Kupferkopf paart sich gewöhnlich in jedem zweiten Jahr und produziert Würfe von 8 bis10 Jungtieren. Die Jungschlangen messen knapp unter dreißig Zentimeter und haben leuchtend gelbe Schwänze, die in trockenem Laub vibrieren und Beute anlocken sollen. Sie sind problemlos im Terrarium zu vermehren.

Ein netter Aspekt dieser Schlangen ist die Tatsache, daß ihr Gift nicht sehr gefährlich ist. Statistiken zeigen, daß weniger als drei von 100 Bissen des Nördlichen Kupferkopfes tödlich enden. Gründe für solche Todesfälle sind unter anderem, daß das Opfer betrunken war, keine Behandlungsmöglichkeit erreichbar war oder eine stärkere allergische Reaktion auf das Gift eintrat als das normalerweise der Fall ist.

Sie sind einfach im Terrarium zu halten. Ihre ökologischen Ansprüche erfordern ein trockenes Felsterrarium. Ein großes Wassergefäß und eine große, Sicherheit vermittelnde Versteckkiste müssen angeboten werden. Ihr Futterspektrum ist breit gefächert, da sie meist nicht nur Mäuse oder Ratten fressen, sondern auch Frösche, Kröten und sogar große Insekten.

Diese Schlange erreicht Maximallängen zwischen sechzig und neunzig Zentimetern und wird spätestens im Alter von vier Jahren geschlechtsreif. Die Lebenserwartung liegt normalerweise bei 10- 12 Jahren. Wenn der Leser sich zur Giftschlangenhaltung entschließt, sind diese Tiere zu empfehlen.

Fea-Viper
Azemiops feae

Als eine der interessantesten und geheimnisumwittertsten Giftschlangen der Welt wurde diese Art bereits 1888 beschrieben. Bis 1935 waren jedoch lediglich zwei Exemplare bekannt. Entsprechend ihrem Mythos ist sie auch schwierig in der Haltung, wie man 1985 herausfand, als drei lebende Exemplare kurz nach Erhalt starben. Heute soll sich mindestens ein halbes Dutzend in nordamerikanischen Museen und Zoos befinden, wohingegen nicht ein Privatbesitz bekannt ist.

Es sind auffallend schöne Tiere mit einer sehr attraktiven, leuchtend blau-schwarzen Grundfarbe, einer Reihe weit auseinanderliegender, dünner, orangefarbener Bänder, die sich vom Bauch nach oben ziehen, sich aber nicht immer auf der Wirbelsäule schließen. Der Kopf ist einfarbig orange bis leicht gelblich und besitzt ein deutliches Kreuzmuster mit verschwommenen grauen Konturen. Das Auge ist gelblich und die Pupille vertikal schlitzförmig.

Diese Schlange bevorzugt kühle Klimate und kann in Berggebieten in Höhenlagen über 600 Metern gefunden werden. Sie ist in abgelegenen Gebieten von Burma, China und Tibet beheimatet. Über ihr Fortpflanzungsverhalten ist nur wenig bekannt. Sie wurde offenbar noch nie nachgezogen. Es ist aber zu vermuten, daß sie ovipar ist. Sie erreicht selten eine Länge von über neunzig Zentimeter. Die wenigen gepflegten Exemplare fraßen Mäuse.

Gabunviper
Bitis gabonica

Als eine der attraktivsten Giftschlangenarten ist die Gabunviper aus verschiedenen Gründen faszinierend. Sie ist eine der "faulsten" Schlangen, die man sich wünschen kann. Sie bewegt sich noch nicht einmal, wenn sie geärgert wird, sondern bläht stattdessen lediglich den Körper auf und gibt ein so lautes Zischen von sich, daß es sich anhört, als würde man die Luft aus einem Autoreifen herauslassen.

Ihre Giftzähne sind etwa 4 cm lang. Glücklicherweise beißt sie recht selten und zieht sich eher zurück, als daß sie einen Menschen angreift. Sie sollte aber trotzdem nicht als "fügsam" bezeichnet werden. Es sind viele Todesfälle bekannt.

Ihre Grundfarbe ist ein schönes Hellgrau, manchmal auch noch heller (sogar rosa oder gelbbraun), mit einer seitlichen Reihe einzelner Sattelflecken, die eine Mischung aus braunen, gelben und schwarzen Farbtönen aufweisen und etwas an die Muster auf Kunstgegenständen amerikanischer Indianer erinnern. Der Kopf wirkt sehr breit und ist extrem dreieckig.

Ihr natürliches Verbreitungsgebiet umfaßt Tansania, Zimbabwe, Uganda, Gabun und so ziemlich den gesamten Rest von Süd- und Westafrika. Sie bewohnt feuchte dichtbewachsene Waldgebiete, kann aber auch manchmal nachts in der Nähe von Viehweiden gefunden werden und ist ebenfalls aus Sumpfgebieten bekannt. Die Nahrung besteht zum größten Teil aus Mäusen und bodenbrütenden Vögeln, da sie kaum klettert. Nach der Eingewöhnung ist sie ein guter und ausdauernder Pflegling. Die mittlere Wurfgröße liegt um die zwei Dutzend Jungtiere, es sind aber auch Würfe von mehr als 50 bekannt.

Greifschwanz-Lanzenotter
Bothrops schlegeli

Es ist dem zunehmenden Interesse an Giftschlangen zu verdanken, daß Greifschwanz-Lanzenotter sehr bekannt geworden ist. Das ist gut zu verstehen, wenn man sie an den üblichen Ansprüchen der Pfleger mißt: sie ist äußerst ansprechend,

Kupferköpfe sind wahrscheinlich die für die Terraristik geeignetsten Giftschlangen. Sie sind höchst ansprechend, passen sich dem Leben im Terrarium gut an, nehmen unterschiedliche Futtertiere an, und ihr Biß endet für den Menschen nur sehr selten tödlich. Sie scheinen auch die Gesellschaft des Menschen viel besser zu akzeptieren als andere Giftschlangenarten. Foto eines Nördlichen Kupferkopfes (Agkistrodon contortrix mokasen) von R.T. ZAPPALORTI.

leicht zu halten und relativ ruhig. Sie kommt in einer Vielzahl von Farben vor, was natürlich ohne Frage ihren Reiz hebt. Die häufigste Farbe ist ein bestechend leuchtendes Gelb. Ihren englischen Trivialnamen "Eyelash Viper" verdankt sie der einzigartigen Gruppe von "Hörnchen" über den Augen, die aus einem größeren Horn und einer Reihe kleinerer auf beiden Seiten davon besteht, die wie Augenwimpern aussehen. Das Auge selbst ist mit seiner kräftigen Kupferfarbe und der vertikalen Pupille ebenfalls sehr hübsch.

Die Art ist viviovipar und bringt etwa ein Dutzend Jungtiere zur Welt. Diese sehen ihren Eltern sehr ähnlich. Die Leichtigkeit, mit der Greifschwanz-Lanzenottern nachgezogen werden können, ist ein weiterer Faktor, der sie zu guten Terrarientieren macht. Ihre Heimat liegt in Mexiko, Zentralamerika, Venezuela, Ecuador und Kolumbien, wo sie Waldgebiete in der Nähe von Wasser bewohnt. Sie sind stark arborikol. Kletteräste und eine hohe Luftfeuchtigkeit in einem geräumigen hohen Terrarium sind deshalb angeraten.

Gelber Krait
Bungarus fasciatus

Hinsichtlich der Potenz seines Giftes ist der Krait eine der tödlichsten Schlangen der Welt. Man sagt diesem Krait nach, daß sein Biß in weniger als 30 Minuten zum Tode führt. Er ist weitverbreitet in großen Teilen Nordostindiens, im südlichen China, auf Borneo, Java, Sumatra und auf der Malayischen Halbinsel anzutreffen. Er bevorzugt grasbewachsene offene Waldflächen, entfernt sich aber nur selten weit von Wasserläufen.

Eine der attraktiveren Seiten ist seine klare Färbung - eine Aneinanderreihung von geraden und gebogenen, gelben und schwarzen Bändern in gleichmäßigen Abständen, die sich bis zur Schwanzspitze erstrecken. Gewöhnlich befindet sich eine dunkle Speerspitzenzeichnung auf dem Kopf, und ein dünnes schwarzes Band läuft über die Schnauze durch die Augen. Die Nase selbst ist dabei gelb gefärbt.

Traut man sich zu, diese Art im Terrarium zu pflegen, so werden eine Versteckkiste, ein großer Wasserbehälter und das Füttern mit Mäusen während der Nachtstunden erforderlich. Viele Kraits nehmen freiwillig nur Schlangen und Echsen.

Malaien-Mokassinschlange
Calloselasma rhodostoma

In ihrem Verbreitungsgebiet in Südostasien und auf Sumatra bewohnt die Malaien-Mokassinschlange überwiegend Gebiete in der näheren Umgebung von kleineren Ortschaften,

Die seltene und schöne Fea-Viper (Azemiops feae) wurde 1888 beschrieben, gelangte aber erstmals in einige Terrarien als 1985 einige wenige Exemplare im nördlichen Burma gefangen wurden. Foto: Paul FREED.

Dieses Foto zeigt deutlich eines der auffallendsten Merkmale der Gabunvipern (Bitis gabonica): den extrem dreieckig geformten Kopf. Foto: K.T. NEMURAS.

Einer der Hauptgründe für die Beliebtheit von Greifschwanz-Lanzenotter (Bothrops schlegeli) in der Terraristik ist ihre ungeheure Farbigkeit.
Foto zweier Jungtiere von B. KAHL.

Vier Repräsentanten der Gattung Bitis. Im Uhrzeigersinn von links oben: Bitis gabonica, Bitis arietans, Bitis nasicornis und Bitis gabonica rhinocerus.
Fotos von R.T. ZAPPALORTI, Jim MERLI, Jim MERLI und R.T. ZAPPALORTI.

aber auch Ackerland, brachliegende Felder, Bambuswälder und Waldstriche unmittelbar entlang der Küste. Sie ist überwiegend nachtaktiv und ernährt sich zum größten Teil von Mäusen und einigen anderen kleinen Säugern, gelegentlich von Echsen sowie von Fröschen und Kröten.

Diese Art gehört zu den Eierlegern und kann Gelege von bis zu zwei Dutzend Eiern produzieren. Die Schlüpflinge messen selten mehr als fünfzehn Zentimeter und sehen ihren Eltern sehr ähnlich.

Es ist eine ansprechende, aber auch etwas farblose Art und erreicht selten Längen über achtzig Zentimeter. Die Grundfarbe ist matt graubraun mit einer Reihe großer dreieckiger Zeichnungselemente, die den Rücken bedecken. Diese zeigen normalerweise eine dunkelbraune, oftmals schwärzliche Färbung mit einer schwachen weißen Einfassung.

Im Terrarium bevorzugt die Art einen weichen tiefen Bodengrund, vielleicht aus Laub und Blumenerde, einen kleinen Wassernapf und eine hohe Luftfeuchte. Ihre Bisse sind schmerzhaft, aber normalerweise nicht tödlich.

Westliche Diamantklapperschlange *Crotalus atrox*

Von den beiden Diamantklapperschlangen - der Östlichen und der Westlichen - gibt diese meist den besseren Pflegling ab. Die Östliche Art (*Crotalus adamanteus*) wird von vielen als die gefährlichste Schlange in Nordamerika bezeichnet und das mit Recht. Die Art besitzt ein extrem potentes Gift und ist sehr aggressiv.

Crotalus atrox ist sowohl in seiner Giftpotenz als im Temperament etwas milder. Er ist eine hübsche Schlange mit einer staubgrauen Grundfarbe und einer Reihe von rhombenförmigen Zeichnungselementen auf dem Rücken, die bisweilen abgerundet sein können. Diese Elemente sind erst von einem verwaschenem Weiß eingegrenzt, dann folgt ein viel dunkleres Grau bis Schwarz und zum Schluß füllt ein mittleres Grau das Zentrum aus, welches aber immer noch dunkler als die Grund-

Obwohl die Greifschwanz Lanzenotter nicht gerade freundlich auf ein Ergreifen reagiert, sind ihre Bisse vermutlich nicht tödlich; sie können aber durchaus sehr schmerzhaft sein.
Foto eines Bothrops schlegeli von John IVERSON.

farbe ist. Ein einzelner Streifen verläuft von beiden Seiten des Schnauzenschildes durch die Augen. Dieser Streifen ist ebenfalls weiß und verwaschen abgegrenzt. Die Pupille ist dunkel und, wie bei allen Arten der Viperidae, vertikal.

C. atrox ist ein einfacher Pflegling. Er benötigt entsprechend seinem natürlichen Lebensraum, den Wüsten und Prärien südöstlich von Kalifornien bis in den Süden von Arkansas und hinein ins südliche Mexiko, eine warme Umgebung und ernährt sich vor allem von kleinen Säugern, aber auch Vögeln.

Er bringt etwa 20 Jungtiere zur Welt. Manche Exemplare haben nur alle zwei Jahre einen Wurf. Sie sind nicht schwierig zu vermehren, und im Moment ist eine albinotische Form bei den Terrarianern ausgesprochen beliebt.

Die Jungen sind nahezu perfekte Abbilder ihrer Eltern, jedoch können gelegentlich Abweichungen in der Färbung auftreten. Sie sind sehr robuste und langlebige Schlangen, von denen Höchstalter von bis zu 25 Jahren bekannt sind.

Waldklapperschlange
Crotalus horridus

Obwohl die Waldklapperschlange bei den Terrarianern nicht ganz so beliebt ist wie die Westliche Diamantklapperschlange, ist sie ein ausgezeichneter Pflegling und ebenfalls eine durchaus interessante Schlange.

Mit einer Verbreitung vom Süden New Hampshires bis in den Norden Floridas und westlich bis Minnesota, Nebraska und Texas, ist sie ein Bewohner der felsigen bewaldeten Hügellandschaften in der Nähe von Feldern, Wiesen, Weiden und dichten Rohrsümpfen. Sie ist mit ihren drei grundsätzlichen Farbvarietäten sehr attraktiv. Die erste Variante ist ein wunderschönes Strohgelb mit einer Reihe von dicken, dunkelbraun bis schwarzen, zickzackartigen Querbändern, die von den Seiten über den Rücken bis zu den Rändern der gegenüberliegenden Bauchschuppen verlaufen. Eine zweite Variante ist einfarbig schwarz. Dann gibt es noch die südlichen und westlichen Varietäten (Röhricht- Klapperschlangen), die eine graue Grundfarbe mit einem rötlich orangen Dorsalstreifen und eher sparrenförmigen Bändern anstatt der zickzackförmigen besitzen. Diese sind deutlich weiß eingerahmt sind. Natürlich variieren alle diese Zeichnungsformen individuell, aber sie stellen die Grundformen dar.

C. horridus ist im Terrarium einfach zu vermehren, aber wie viele nordamerikanische Grubenottern, speziell die aus den wärmeren Zonen, nur in jedem zweiten Jahr. Die Jungen sind mehr oder weniger Kopien der Eltern, lediglich etwas stumpfer in der Färbung. Sie messen knapp unter dreißig Zentimeter, und die durchschnittliche Wurfgröße liegt zwischen einem halben und zwei Dutzend Jungtieren. Sie können Gesamtlängen von etwa 1,20 und 1,50 Metern erreichen und wiegen bis zu sieben Kilogramm. Sie bevorzugen ein trockenes Felsterrarium mit einem großen Wassergefäß und einer sicheren Versteckkiste. Sie fressen vom ersten Tag an Mäuse. Es gibt keine Probleme, die Neugeborenen zum Fressen zu bewegen. Die Lebenserwartung liegt bei guter artgerechter Pflege zwischen 15 und 20 Jahren. Abschließend sei erwähnt, daß ihre normalerweise nicht tödlichen Bisse schwere Gewebeschäden verursachen. Wenngleich die Tiere gewöhnlich recht ruhig und zurückhaltend sind, sollten sie trotzdem nicht gehandhabt werden, wenn es nicht unbedingt erforderlich ist.

Links: Zwei der gebänderten Kraits. Oben Bungarus fasciatus und unten Bungarus candidus. Sie gehören zu den hübschesten, gleichzeitig aber auch tödlichsten aller Giftschlangen. Fotos: R.T. ZAPPALORTI und W. WUSTER, in dieser Reihenfolge. Rechts: Ein sehr braunes Exemplar der Waldklapperschlange (Crotalus horridus) aus Ohio. Foto: Ron EVERHART.

regelmäßig angeboten werden können.

Sie tritt in vielen verschiedenen Färbungen auf, wovon die häufigste ein ansprechendes kräftiges Grün ist, das mit dunkelblauen bis braunschwarzen Schattierungen durchzogen ist.

Sandrasselotter
Echis carinatus

Tony PHELPS, Autor des Buches "Poisonous Snakes", nannte dieses Art "die jähzornigste Schlange der Welt", und damit hatte er sicher recht.

Die Sandrasselotter trägt ihren Namen wegen der scharf auslaufenden Spitzen jeder einzelnen Dorsalschuppe, besonders stark ausgeprägt an den unteren Seitenflächen, die am deutlichsten zu sehen sind, wenn in Erregung der Körper aufgebläht wird. Aneinandergerieben erzeugen sie ein Rasseln. Sie verfügt über ein sehr wirksames Gift, das bereits zu zahllosen Todesfällen bei Menschen geführt hat. Eine ihrer gefährlichsten Eigenschaften ist, daß sie sich völlig im Sand eingräbt, bis nur noch die Augen herausschauen und dann plötzlich nichtsahnende "Passanten" anfällt. Sie ist wild und aufmerksam, so daß die Handhabung extrem gefährlich ist.

Sandrasselottern leben in Kolonien von manchmal mehreren tausend Tieren in recht kleinen Gebieten, bevorzugt im östlichen Afrika bis Ägypten und vom Mittleren Osten bis Indien. Sie fressen auch Mäuse und Echsen. Ein warmes Terrarium mit Sandboden ist erforderlich.

Nattern-Plattschwanz-Seeschlange
Laticauda colubrina

Aus Gründen der Vollständigkeit hält der Autor es für angebracht, auch zumindest einen Vertreter der Familie Hydrophiidae, nämlich *Laticauda colubrina*, mit einzubeziehen. Es handelt sich um eine interessante und attraktive Schlange.

Diese Plattschwanz-Seeschlange ist vorwiegend an den Küsten von Neuguinea, Fidji und Neukaledonien, nördlich von den Philippinen bis nach Japan und in großen Teilen Südostasiens bis Sri Lanka anzutreffen. Sie bewohnt alle Biotope von flachen

Die Westliche Diamantklapperschlange (Crotalus atrox) ist eine der am häufigsten vermehrten Klapperschlangen. Auch hier ist nun eine albinotische Form entstanden. Foto: Ron EVERHART.

Restwassertümpeln und Mangrovensümpfen bis hin zu verschiedenen Riffen.

Sie ist eine der Seeschlangen, die nicht lebendgebärend sind, sondern zur Eiablage an Land kommen müssen. Das ist ein faszinierender und vielleicht auch aufschlußreicher Punkt, der einige Hinweise auf die Entwicklung der Seeschlangen in der Vergangenheit und/oder in der Zukunft geben kann. Einige bezeichnen diese Art weniger als eine echte Seeschlange, als mehr als aquatischen Krait.

Da Seeschlangen sehr problematische Lebensraumansprüche haben, scheint es sinnlos, auf die Terrarienhaltung näher einzugehen. Es sollte aber erwähnt werden, daß ihr Gift hochgradig wirkungsvoll ist, wenngleich Bißunfälle mit Menschen so gut wie unbekannt sind.

Wie bereits erwähnt, sind sie sehr ansprechend gezeichnet. Die Grundfarbe ist ein prächtiges glänzendes Silbergrau mit einer Reihe von breiten schwarzen Bändern.

Östliche Korallenotter
Micrurus fulvius

Es ist zu vermuten, daß die Faustregel "Gelb auf Rot bringt den Tod, Rot auf Schwarz tut kaum was" durch die augenscheinliche Ähnlichkeit zwischen dieser Schlange und der Scharlachnatter (*Cemophora coccinea*) oder der Scharlach-Königsnatter (*Lampropeltis triangulum elapsoides*), die beide sympatrisch mit *M. fulvius* vorkommen, entstanden ist.

Die Korallenottern sind mit zwei verschiedenen Gattungen die einzigen Proteroglyphen in Amerika. Verwandt mit den Kraits und den Kobras, sind sie hochgradig giftig. Andererseits sind sie extrem scheu, leben sehr versteckt und beißen relativ selten. So hört man von kleinen Kindern, die diese hübsche Schlange in den Händen gehalten haben, ohne dabei verletzt worden zu sein. Gegenteilige Erfahrungen sind hingegen ebenfalls bekannt, und der Biß ist häufig tödlich.

Die Östliche Korallenotter lebt in lichten Wäldern und sandigen Pinienhainen in der südöstlichen Ecke der Vereinigten Staaten, von North Carolina südwärts und westlich bis in den Osten von Texas.

Wegen ihrer Vorliebe für Schlangen als Futter und durch ein schlechtes Anpassungsvermögen an die Terrarienhaltung geben fast alle Korallenottern schlechte Pfleglinge ab, die das Futter verweigern und innerhalb kurzer Zeit sterben.

Monokelkobra
Naja naja kaouthia

Seit das Interesse an Giftschlangen als Randbereich der heutigen Terraristik zugenommen hat, ist die Brillenschlange oder Kobra eine der häufiger zu sehenden Arten. Sie ist aufmerksam und ist in normaler als auch als albinotische Form erhältlich. In ihrem natürlichen Lebensraum - ein großer Teil des südöstlichen Asiens (Süd-China, Burma und Bangladesh inbegriffen) - lebt sie in einer Vielzahl unterschiedlicher Habitate wie auch in dichtbesiedelten Ortschaften und Städten.

Ihre Grundfarbe ist ein mittleres Schokoladenbraun mit einer cremegelben Bauchseite, die teilweise mit Braun durchzogen ist, das aber etwas heller als die Dorsalfärbung ist.

Wie alle anderen Kobras ist auch diese eierlegend. Sie produziert ein Gelege von etwa zehn kleinen, länglichen Eiern. Die Jungtiere messen beim Schlupf etwa 20 Zentimeter.

Diese spezielle Unterart eignet sich gut für die Haltung im Terrarium, auch wenn sie eine höchst gefährliche Giftschlange ist. Sie bevorzugt Mäuse und Ratten als Futter.

Speikobra
Naja nigricollis

Neben der Königskobra (*Ophiophagus hannah*) ist die Speikobra wegen ihrer Fähigkeit, Gift in die Augen ihrer Feinde sprühen zu können, die wahrscheinlich am häufigsten erwähnte Giftschlange. Natürlich ist sie nicht die einzige, die über diese auffällige Fähigkeit verfügt, aber sie ist die am häufigsten im Terrarium anzutreffende.

Diese Eigenheit ist sehr beeindruckend und gefährlich. Das Gift führt zu schmerzhaften Verbrennungen der Augen und manchmal zu permanenter Blindheit. Das Tier hebt dazu seinen Kopf auf etwa neunzig Zentimeter Höhe an, öffnet das Maul etwas, setzt durch Muskelkontraktionen die Giftdrüsen unter Druck und "schießt" einen langen dünnen Giftstrahl auf das Gesicht des Angreifers ab, treffsicher in die Augen.

Interessant ist, daß das Gift auf der Haut des Opfers kaum Schaden anrichtet. Man darf sich davon jedoch nicht irreleiten lassen, denn der Biß der Speikobra ist sehr gefährlich.

Sie eine etwas düster und einfach gefärbte Schlange, meistens mittelbraun mit einem etwas helleren Kopf. Die Lippenschilder sind fast immer weiß, die Halsgegend ist gelblich. Die Pupille des Auges ist rund. Ein zur Identifizierung geeigneter schwarzer Ring umläuft den Hals und ist die Grundlage für

den Namen nigricollis. Es bedeutet so viel wie "mit schwarzem Halsband".

Die Art ist ovipar und legt zwischen einem und drei Dutzend Eier. Die Jungen messen etwa dreißig Zentimeter, manchmal etwas mehr, und verfügen ebenfalls über einen sicher funktionierenden Speiapparat.

Die Speikobras bewohnen grasbewachsene Ebenen, lichte Waldflächen und auch kultivierte Gegenden im Regenwaldgürtel von Zentralafrika. Sie sind nachtaktiv und verbringen die meiste Zeit mit der Suche nach verschiedener Beute wie kleinen Säugern, Vögeln, Echsen, Eiern, Fröschen und Fischen. Die Jungtiere fressen darüber hinaus auch manche Kleininsekten. Sie sind gute Terrarienpfleglinge und sehr langlebig.

Tigerotter
Notechis scutatus

Diese Art ist ein beliebtes Ausstellungstück in den Zoos in Europa und Australien. Man sagt, sie hätte den höchsten Giftertrag aller Schlangen der Welt. Tatsache ist, daß sie extrem gefährlich und für eine hohe Zahl von Todesfällen bei Menschen verantwortlich zu machen ist. Ausschließlich im Südosten von Australien beheimatet, ist die Tigerotter eine tagaktive Art, die den größten Teil ihrer Zeit mit dem Fangen von Fröschen, Echsen und Mäusen verbringt.

Wegen ihrer dunkelbraunen Farbe mit schwachen Andeutungen von Weiß oder Gelb zwischen den Schuppen ist sie in entsprechender Umgebung nur sehr schwer zu entdecken. Die Alttiere erreichen nur selten eine Länge von über 1,20 Meter.

Die östliche Verwandte von Crotalus atrox, die Östliche Diamantklapperschlange (Crotalus adamanteus) ist eine viel gefährlichere Schlange - vermutlich die gefährlichste Schlange in ganz Nordamerika - und ist deshalb nicht oft in einem Terrarium zu sehen.
Foto: Ron EVERHART.

Bei dieser Unterart der Waldklapperschlange (Crotalus horridus atricaudatus) gibt es einen auffallenden Vertebralstreifen, der nur vage oder gar nicht bei ihrer nördlichen Verwandten vorhanden ist. Foto: R.T. ZAPPALORTI.

Eine der in ihrem natürlichen Verbreitungsgebiet gefürchtesten Schlangen ist die Schwarze Mamba (Dendroaspis polylepis), die ihrem Ruf alle Ehre macht; sie ist wirklich eine der tödlichsten Schlangen der Welt. Foto: C. BANKS.

Zwei Ansichten der höchst gefährlichen Sandrasselotter (Echis carinatus). Unten eine Nahaufnahme der gekielten Schuppen, die ihr ihren englischen Trivialnamen Saw-scaled Viper (Sägeschuppenviper) einbrachten. Fotos: R.T. ZAPPALORTI und Jim MERLI.

Die Brillenschlange ist eine häufig in der Terraristik gehaltene Naja-Art. Sie kann daran gewöhnt werden, ausschließlich Mäuse zu fressen und scheint sich sehr gut an die Bedingungen im Terrarium anzupassen.
Foto: M.J. COX.

Irgendwo am Wegesrand wurde einmal ein albinotisches Exemplar der Brillenschlange (Naja naja kaouthia) entdeckt und in die Terraristik eingebracht. Heute sind Albinos genauso häufig wie die normale Farbvarietät.
Foto: M.J. COX.

Vielleicht der interessanteste Aspekt bei *N. scutatus* ist die unglaubliche Größe ihres Wurfes - weit über 70 Jungtiere sind nicht allzu ungewöhnlich, und mehr als 100 sind bereits in mehreren Fällen dokumentiert worden. Der Mittelwert liegt allerdings nur bei 23. Die Jungtiere sind knapp dreißig Zentimeter lang und ähneln ihren Eltern von Tag zu Tag mehr.

Königskobra
Ophiophagus hannah

Eine Schlange, die ihrem Namen ohne Zweifel alle Ehre macht. Für den Anfänger sollte gesagt werden, daß sie die längste Giftschlange der Welt ist - Alttiere bis zu 5,50 Metern sind belegt, wobei die mittlere Länge bei 3 Metern liegt.

Viele Experten glauben, daß sie auch die intelligenteste aller Schlangen ist. Betrachtet man die Details, wird man etliche Anhaltspunkte zur Stützung dieser Behauptung finden können. In ihrem Fortpflanzungsverhalten ist sie sehr hoch entwickelt. So bleiben viele Paare ihr gesamtes Leben lang zusammen, was bei keiner anderen Schlange der Fall ist.

Ihr Anlegen von Nestern und die Brutpflege sind ebenfalls hoch entwickelt. Das Weibchen legt ihre Eier in eine kleine Mulde und bedeckt sie dann mit Ästen, Zweigen, Blättern usw. Dann fastet sie für zwei Monate, während sie auf dem Nest liegt und die Eier bewacht. Zeitweise ist auch das Männchen anwesend, jedoch ist das seltener als ursprünglich angenommen.

Schließlich verfügt sie über ein starkes Gift und kann einen Menschen leicht töten. Tatsächlich ist eine volle Dosis ihres Giftes in der Lage, mehr als eine viertel Million Mäuse und vierzig erwachsene Männer zu töten. Selbst ein Todesfall bei einem Elefanten ist bekannt.

Die Art bevorzugt Savannen, dichte Waldgebiete, Felder und Sumpfland und entfernt sich normalerweise nicht weit von Wasserstellen. Ihr Verbreitungsgebiet liegt in Asien und reicht von Indien bis Indonesien und auf die Philippinen.

Vermutlich eignet sie sich für die Haltung im Terrarium recht gut, aber ihre bevorzugte Nahrung sind Schlangen. Es ist nachgewiesenermaßen sehr schwie-

Ungeachtet der Tatsache, daß sich die meisten Kobras gut an die Gesellschaft von Menschen angepaßt haben, sind sie immer noch bemerkenswert aufmerksam und wild.
Foto einer Naja naja von R.T. ZAPPALORTI.

Die Königskobra (Ophiophagus hannah) wird als eine der intelligentesten Schlangen bezeichnet.
Foto: K.H. SWITAK.

Es gibt einige Farbvarietäten der kräftigen Wagleris Bambusotter (Trimeresurus wagleri), die für den Terrarianer von Interesse sind. Die hier gezeigte ist als die "Kalimantan"- Variante bekannt.
Foto: R.D. BARTLETT.

rig, sie auf anderes Futter umzugewöhnen. Einige Zoopfleger berichten, daß sie so stark auf Gerüche reagiert, daß sie bisweilen zur Annahme anderer Futtertiere "ausgetrickst" werden kann. Aufgrund ihres gefährlichen Giftes rät der Autor von der Haltung dieser Schlange in Privatanlagen ab. Wenn man eine sehen möchte, sollte man sich informieren, welcher Zoo Königskobras pflegt.

Popes Bambusotter
Trimeresurus popeorum

Popes Bambusotter ist eine sehr interessante Schlange. Wenngleich eine Trimeresurus - Art, hat sie ein recht mildes Gift, das selten in so großen Dosierungen abgegeben wird, um einen Menschen wirklich zu gefährden. Sie wurde nach dem amerikanischen Herpetologen Clifford H. POPE benannt.

Sie ist fast in ganz Indonesien, Südostasien, im Nordosten von Indien und in Burma anzutreffen und, wie der englische Trivialname "Pope's Tree Viper" andeutet, vorwiegend arborikol. Sie ernährt sich von Vögeln und Echsen, nimmt aber gelegentlich auch Nagetiere.

Sie ist eine friedliche Schlange, einfarbig smaragdgrün mit einem bulligen Kopf, der etwas "geschwollen" und für den Rest des Körpers grundlegend zu groß wirkt. Die Schuppen in der Lippenregion sind grün mit einem gelblichen Stich. Die Augen sind von einem auffälligen, dunklen Gold und haben eine vertikale Pupille.

Zur Pflege empfiehlt sich ein großes, sehr hohes Terrarium. Sie erreichen selten Gesamtlängen über 90 Zentimeter.

Waglers Lanzenotter
Trimeresurus wagleri

Eine der Schlangen, die sich einer etwas verspäteten Beliebtheit erfreuen, ist Waglers Lanzenotter. Beheimatet auf den Philippinen, in Südostasien und Indonesien, bevorzugt sie ruhige Waldgebiete mit einem dichten Laubbuschbestand und ist baumbewohnend.

Sie hat auffällige, die Körperfärbung beherrschende, gelbe und schwarze Zeichnungselemente, wobei in Teilen des Verbreitungsgebietes das Schwarz durch ein brillantes Grün und das Gelb durch Weiß ersetzt sind. Die Bauchseite ist kräftig gelb. Der Kopf ist leuchtend gelb und schwarz gefärbt, wobei das Gelb und vereinzelt auch das Weiß auf den Lippenschildern am deutlichsten ist. Die Kopfoberseite ist dunkler. Die Augen sind gelb mit einer vertikalen Pupille.

Eine angenehme Eigenschaft von Waglers Lanzenotter ist, daß sie sehr träge ist und selten beißt. Sie eignet sich gut für die Terrarienhaltung, ist allerdings anfällig für Infektionen der Atemwege.

Einige Taxonomen führen diese Art in der Gattung *Tropidolaemus.*

Kreuzotter
Vipera berus

Die am weitesten nördlich vorkommende Schlange der Welt hat eine Verbreitung in verschiedenen Teilen Europas, die sogar bis über den Polarkreis hinausreicht. Sie bewohnt felsige Hügellandschaften, Wiesen, Sümpfe und Moore und eine Vielzahl anderer Habitate, so daß man wirklich von einer höchst anpassungsfähigen Schlange reden kann. Ihre geographische Verbreitung reicht von England und Skandinavien über den größten Teil Europas durch Rußland bis in den Norden von China.

Aufgrund der sehr weiten Verbreitung ist die Vielzahl von Farbvarietäten keine Überraschung. Eine der hübschesten und häufigsten Varietäten hat eine wunderschöne weiße Grundfarbe mit einer tief dunkelbraunen oder schwarzen vertebralen Zickzack- Zeichnung. In der Kopfzeichnung dominiert ein dicker dunkler Streifen von der Schnauzenseite durch das Auge bis auf den Vorderkörper.

Die Ernährung ist vielseitig, besteht aber meistens aus Echsen, Nagern und bodenbrütenden Vögeln. Im Terrarium erfordert ihre Haltung Bedingungen, die den natürlichen so ähnlich wie möglich sind. Die Vermehrung ist nicht ganz einfach; sie bringen etwa ein Dutzend Jungtiere zur Welt. In Deutschland bedarf ihre Haltung besonderer Genehmigungen.

Oben: Die Nachtbaumnatter Boiga cynodon ist von Burma über Malaysia bis auf den Indonesischen Archipel verbreitet. Sie besitzt rückseitig gefurchte Giftzähne und ist ein Vogelfresser.
Foto: R.D. BARTLETT.

Unten: Die Kreuzotter (Vipera berus) ist die am weitesten nördlich verbreitete Schlange der Welt.
Foto: W. WUSTER.

Rechts: Popes Bambusotter (Trimeresurus popeorum) ist eine attraktive arborikol lebende Art, deren Gift vermutlich für den Menschen nicht sehr gefährlich ist.
Foto: A. VAN DEN NIEUWENHUIZEN.

Sachwortregister und Literaturverzeichnis

aglypher Zahntyp - Schlangen mit massiven Zähnen, die keine Giftübertragungsfunktion besitzen.
Allopatrie - das Vorkommen in verschiedenen, sich nicht überschneidenden Gebieten
Analspalt - Öffnung des Enddarmes nach außen; die Kloakenöffnung der Schlange
anterior - Bezeichnung für vorn, davor, vorderes Ende.
Antivenin/Antiserum - "Gegengift", das gegen die Auswirkungen von Giftschlangenbissen angewandt wird.
arborikol - auf Bäumen lebend; baumbewohnend.
Ästivation - Sommerruhe. Ruheperiode zum Ausweichen vor Hitze oder Trockenheit
caudal - den Schwanz betreffend
diurnal - tagaktiv.
dorsal - auf der Oberseite oder auf dem Rücken
Duvernoy'sche Drüse - Lippendrüse bei Colubridae mit Ausführungsgang am Boden der Oberkieferzähne. Das Sekret kann giftig sein. Sie wurde nach dem französischen Wissenschaftler D.M. DUVERNOY benannt.
Hemipenis - Begattungsorgan der männlichen Schlange
hämotoxisch - zerstörende Wirkung auf Blutzellen und Blut produzierende Organe.
Herpetologie - die Lehre von Reptilien und Amphibien.
lateral - die Seite betreffend, seitlich
neurotoxisch - Nervenzellen zerstörend oder schädigend
opisthoglypher Zahntyp - Schlangen mit gefurchten Giftzähnen, die hinten im Kiefer stehen
ovipar - eierlegend
posterior - nach hinten, dahinter, am Ende
proteroglypher Zahntyp - Schlangen mit kurzen, unbeweglichen Giftzähnen, deren Furche meist weitgehend geschlossen ist und die vorn im Kiefer stehen
Sicherungskiste - Eine modifizierte Versteckkiste zum "Wegschließen" von Giftschlangen für eine gefahrlose Terrarienreinigung, sicheren Transport usw.
solenoglypher Zahntyp - Schlangen mit röhrenförmigen, "gelenkigen", vorn stehenden Giftzähnen, die in kleine Taschen beidseitig im Gaumendach eingeklappt werden können.
sympatrisch - im gleichen Verbreitungsgebiet vorkommend
Terrarium - Bezeichnung für den Behälter, in dem eine Schlange gepflegt wird (ihr "Käfig")
terrestrisch - am Boden lebend; bodenbewohnend
Überwinterung - Ruheperiode zum Ausweichen vor Kälte. Diese Phase dient auch zur Anregung der Fortpflanzungshormone der Schlange.
ventral - Unterseite oder den Bauch betreffend
viviovipar - eilebendgebärend (Die Jungtiere schlüpfen kurz vor, während oder kurz nach der Geburt aus den Eihüllen)
vivipar - lebendgebärend(Nur ganz wenige Schlangenarten sind vivipar, nur bei ihnen wird der Keimling vom Muttertier über eine Plazenta ernährt)

Weiterführende Literatur

COBORN, John (1995): "Schlangenatlas" - 2. überarbeitete Auflage, bede-Verlag, Ruhmannsfelden

CAMPBELL, Jonathan A. & Edmund D. BRODIE jr. (Herausgeber) (1992): "Biology of the Pitvipers" - Selva.

FREIBERG, Marcos & Jerry G. WALLS (1984): "The World of Venomous Animals" - TFH Publ., H-1068

MINTON, Dr. Sherman A. jr. & Madge RUTHERFORD MINTON (1969): "Venomous Reptiles" - Charles Scribner's Sons.

OBST, Fritz Jürgen, Klaus RICHTER & Udo JACOB (1988): "The Completely Illustrated Atlas of Reptiles and Amphibians for the Terrarium" - TFH Publ., H-1102

PHELPS, Tony (1989): "Poisonous Snakes" - Blanford.

ZIMMERMANN, Elke (1992): "Reptiles and Amphibians, Care - Behavior - Reproduction" - TFH Publ., PS-876

Index